NF文庫
ノンフィクション

イギリス海軍の護衛空母

船団護送に長けた商船改造の空母

瀬名堯彦

イギリス海軍の護衛空母——目次

イギリス海軍の護衛空母

——船団護送に長けた商船改造の空母

序章　空母戦術の確立と商船の航空機搭載

商船改造空母の研究は、空母を使用した英米日海軍でも戦前から実施され、それぞれ独自の空母を完成させて大戦に参加させた。これらは、正規空母より機能的には劣るが、経費、工期の面では新造にまさり、補助空母として戦時下でも建造がつづいた。

それらから船団護衛用の護衛空母が生まれ、量産化がはかられた。

正規空母、軽空母の新造、または大型艦改造空母を航空母艦の直系と見るなら、これらは傍系の空母といえよう。ここでは第二次世界大戦に登場した英海軍の商船改造空母の歴史をたずね、その経緯と実戦の跡をたどることにしたい。

なお搭載機については、機種も多く、なじみのものも少なくないので、特別なもの以外は解説を省略する。

航空母艦（エアクラフト・キャリアー）の名称は第一次世界大戦中に生まれたが、実質は水上機母艦であった。艦上に搭載した水上機をデリックなどで洋上に降ろし、回収する方式が取られた。

やがて滑走台が生まれ、艦首に設けた発艦甲板から陸上機の発艦が可能になり、英海軍は一九一七年八月、大型軽巡フューリアスの発艦甲板にソッピース・パップ機の着艦に成功し、現在の空母の飛行甲板への基本的技術を確立させた。

フューリアスは第二次改装で艦の前部に発艦甲板、後部に着艦甲板を設けた。前後を連絡甲板でつなぎ、格納庫とのエレベーターも設置されたが、前檣楼や煙突は残されていた。これが後部飛行甲板上の気流を乱し、煙突から流れる排気ガスとともに、着艦作業への大きな障害となっていた。

これより先、一九一二年十二月に英ビアードモア社は、航空機および駆逐艦の母艦を考案し、その詳細な計画案を英海軍省に提出した。

海軍当局はこれを詳細に研究し、計画の提出を感謝したうえで、「艦上より飛行機を飛ばして軍の要求を満たすには、まだ経験実験が十分でなく、この計画を進めるのは、しばらく見合わせてほしい」と通告した。

当時は、戦艦の砲塔上に設けた滑走台から飛行機の発進実験に成功した程度の段階で、水上機母艦も生まれていなかった。

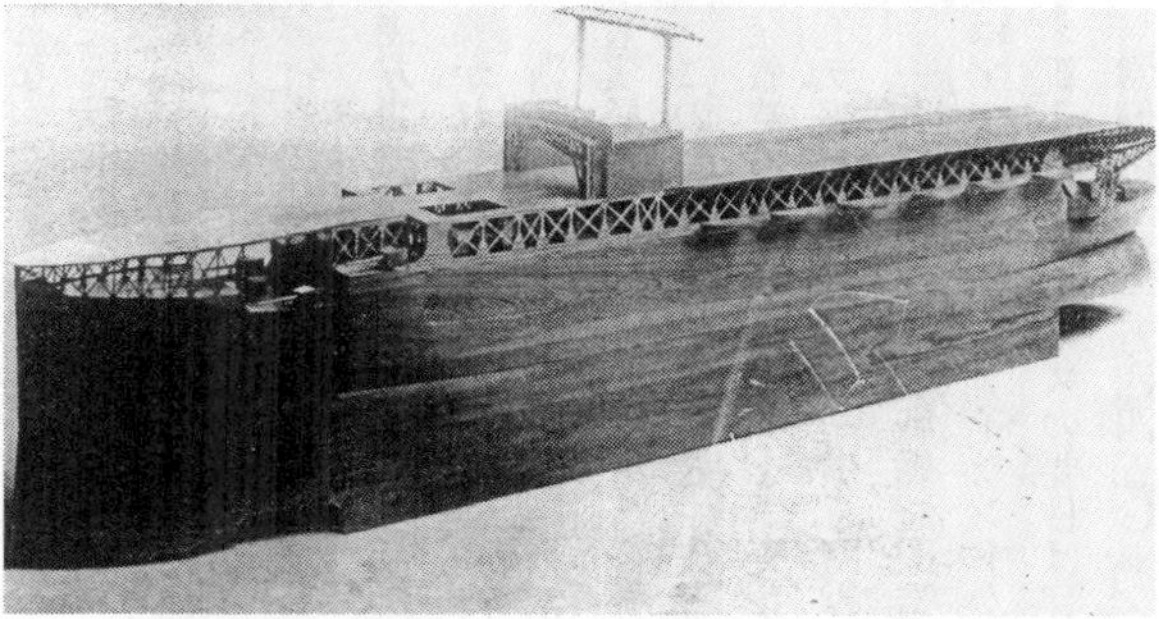

アーガス原案の模型

英海軍は第一次大戦中の一九一五年八月、前年六月にビアードモア造船所で起工したが、大戦勃発により初期段階で建造中止になっていた伊客船コンテ・ロッソ（ロイド・サバウド・ライン予定）を購入し、空母に改造して一九一七年十二月二日に進水、一九一八年九月十六日に竣工させた。

英海軍は三年前の同社の提案を忘れず、工事のみならず、設計にも参加させて、これに報いたといわれる。

これが世界最初の全通した飛行甲板をそなえた空母アーガスである。原案では、飛行甲板中央に、両舷にまたがり二本のマストをそなえたトンネル状の艦橋構造物を設け、発艦用と着艦用に飛行甲板を二分する計画で、艦首にかけての発艦甲板は幅をせばめて、両舷に備砲を配置するデザインであった。

これが全通飛行甲板方式に改められたのは、構造物による甲板上の気流障害の排除が重視されたことを示している。艦橋は、発艦作業時は飛行甲板下に下降する可動式のものとなった。

飛行甲板は長さ一四三・三メートル、幅二五・九メートル、中央前方寄りに昇降式の小型艦橋がある。エレベーターは前部（九・一×一〇・九メートル）、後部（一八・三×五・五メートル）の二基。

格納庫は長さ一〇七メートル、幅二一メートル、高さ六メートルで、防火幕四基を装備。後方開口部両舷にクレーンを装備し、水上機の揚収も可能であった。機関の排気は、艦内を導かれて後方両舷開口部から排出した。

新造時、縦索式の着艦制動索が設けられ、ソッピース2F1キャメル戦闘機二機による発着実験が実施された。

この時、飛行甲板右舷中央部にキャンバスと木材で長方形の仮設アイランドが設けられ、発着時の気流への影響を調査した。乱気流もあまり発生せず、発着実験は成功し、将来のアイランド設置への第一歩を踏み出すこともできた。

一九二三年に未成戦艦を改造した、最初のアイランド型空母イーグルが誕生したが、それはアーガスの仮設アイランドから発達したものであった。

新造時のアーガスの要目は、次のようであった。

常備排水量一万四四五〇トン、全長一七二・二メートル、幅二〇・七メートル、吃水（平均）六・九メートル。

主機パーソンズ式ギヤード・タービン二基（四軸）、円缶一二基、出力二万二〇〇〇馬力、速力二〇・五ノット、燃料搭載量二〇〇〇トン。

兵装は一〇・二センチ（五〇口径）砲二門、一〇・二センチ高角砲二門、搭載機二〇機。乗員四九五名（航空要員をふくむ）。

本艦は就役後、グランド・フリートに編入され、世界最初の艦上雷撃隊であるソッピースT1編成の第一八五中隊を収容して、独高海艦隊の攻撃を企図したが、終戦となって機会を失い、実戦には参加せずに終わった。

一九一八年十二月、着艦制動索を新式のものに改め、翌年三月から本格的な発着訓練が開始され、四月に大西洋艦隊に編入された。

一九二〇年一月の本艦搭載機はソッピース1½ストラッター戦闘偵察／爆撃機八機、ソッピース2F1キャメル戦闘機四機、デ・ハヴィランドDH9A爆撃機二機、フェアリー3D水上機二機の総計一六機で編成されていた。

一九二一年中はパイロット養成の発着訓練に従事し、翌年九月には地中海を経てダーダネルス海峡まで戦闘機の輸送任務に従事した。一九二三年六月、大西洋艦隊に編入、一九二五年十一月からチャタム工廠で定期修理にはいった。

一九二七年二月、マルタ島の第四四一飛行隊（フェアリー3D水上機）を収容して七月に香港へ輸送、翌年三月まで中国大陸方面で行動した。その後、大西洋艦隊に復帰、一九二九

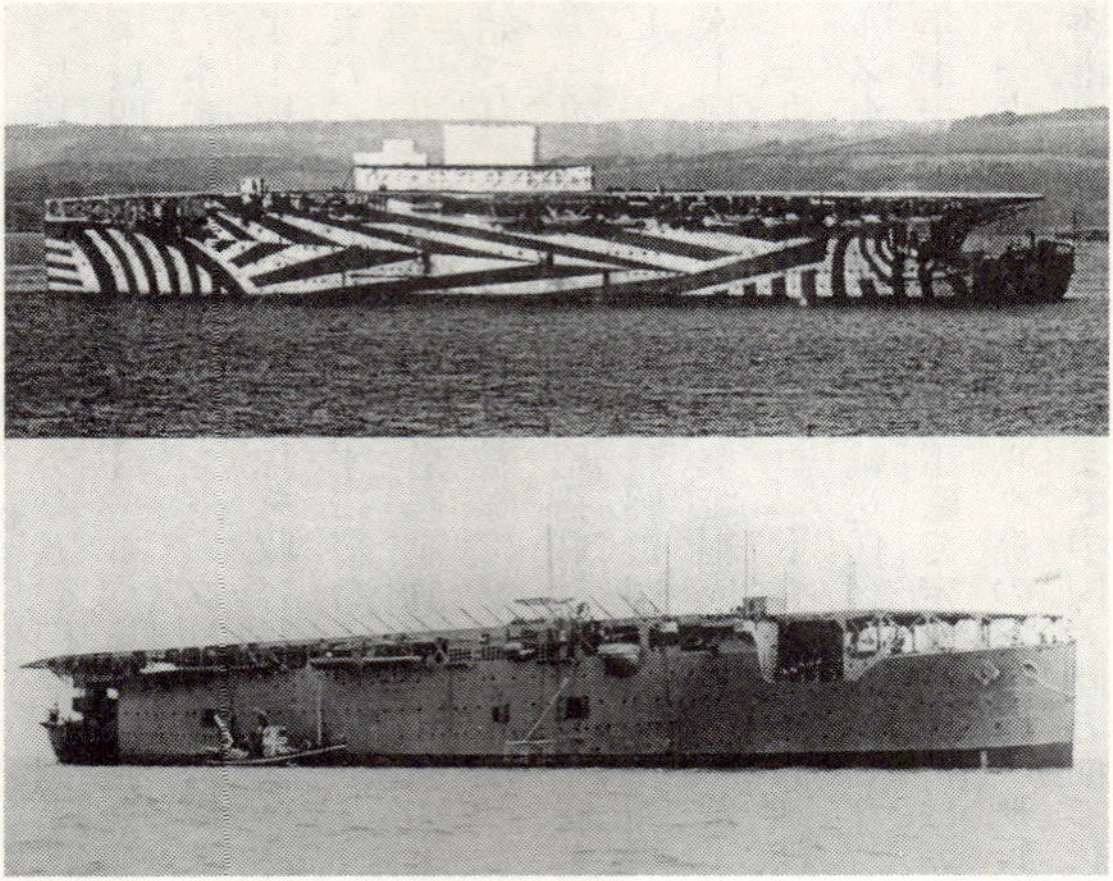

（上）1918年、仮設アイランドを設けたアーガス
（下）1929年、昇降式艦橋を備えたアーガス

年十二月、ポーツマスで小修理をほどこし、一九三二年に予備艦となった。

一九二二年にワシントン海軍軍縮条約が締結され、航空母艦についても保有量に制限が設けられた。この時までに就役していたフラットトップの空母は英海軍のアーガスとイーグルのみで、この年に米海軍のラングレーと日本の「鳳翔」が完成、三ヵ国の空母がようやく顔をそろえた段階であった。

この条約で廃棄と決定した戦艦や巡洋艦のなかから空母に改造されるものが出て、個艦の排水量や備砲の口径にも制限がくわえられた。

英海軍は一九二五年までに、アーガス、イーグル、ハーミーズ、フューリアス（二次改装を経てアーガスと同じ平甲板型となった）

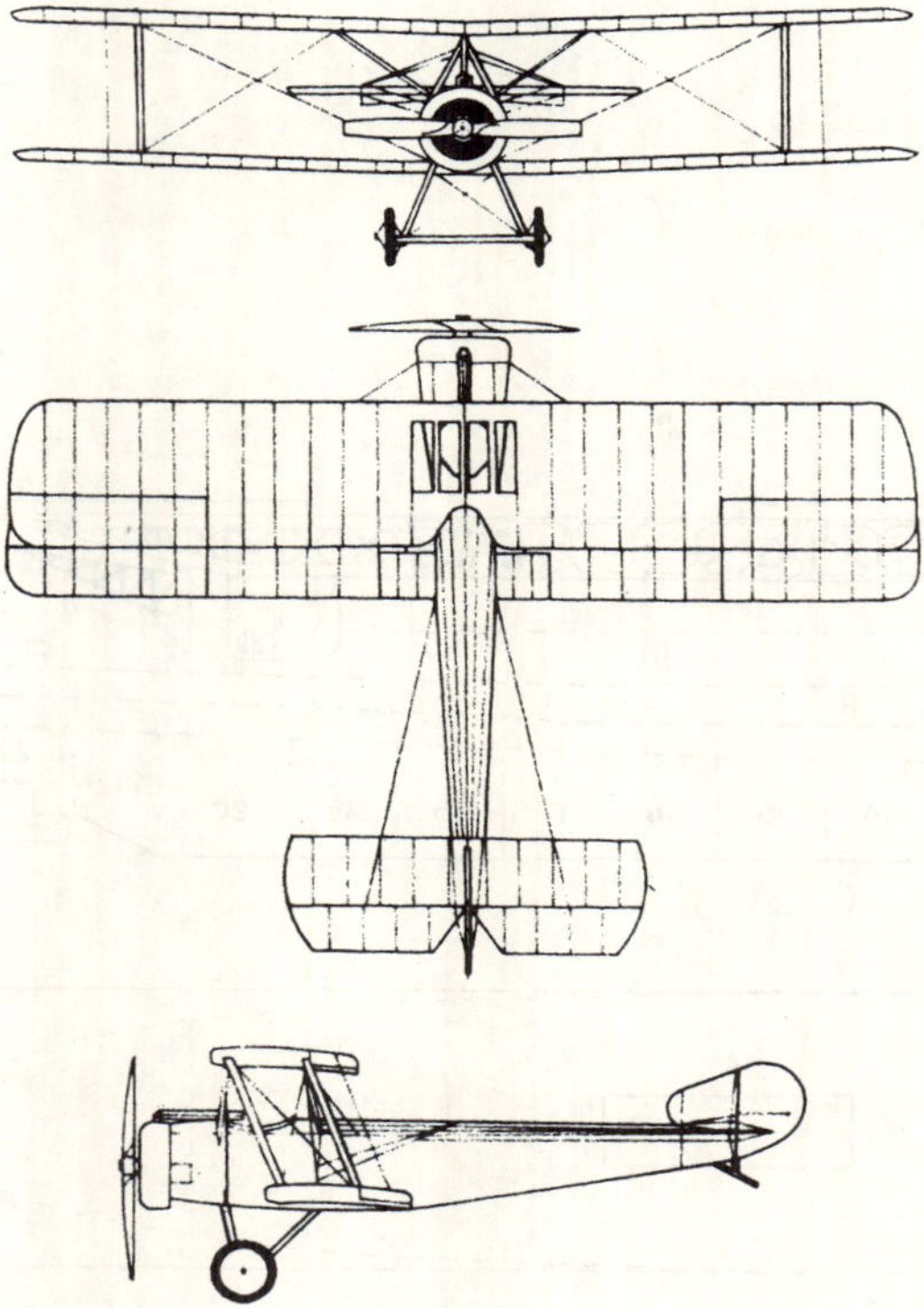

ソッピース1 1/2ストラッター

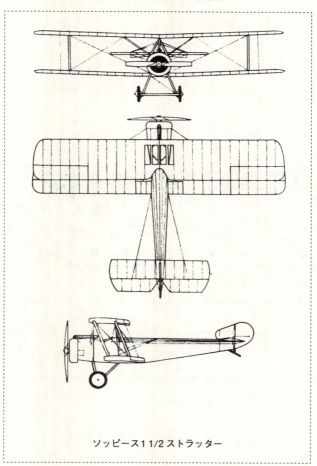

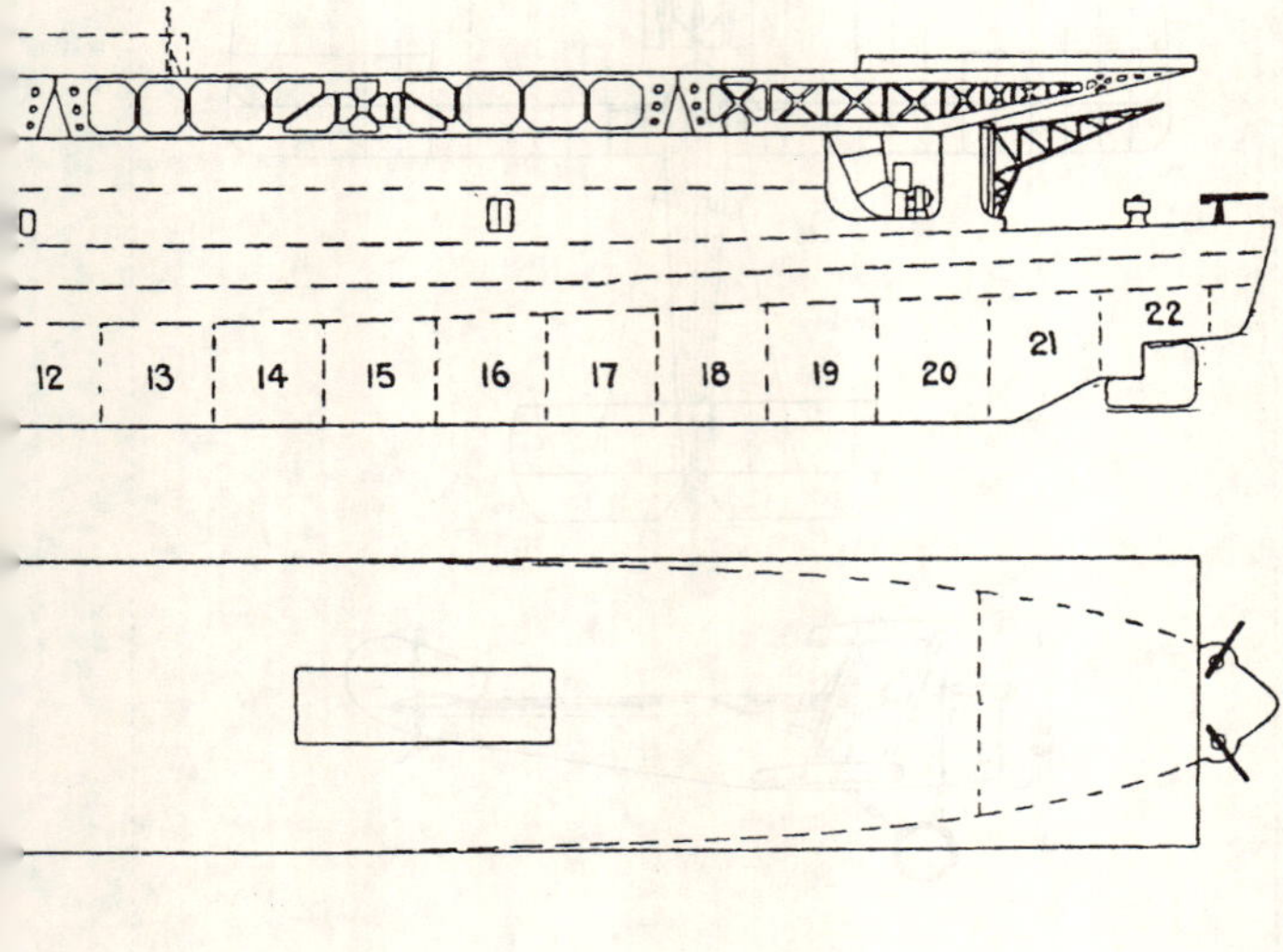
12
13
14
15
16
17
18
19
20
21
22

新造時のアーガス

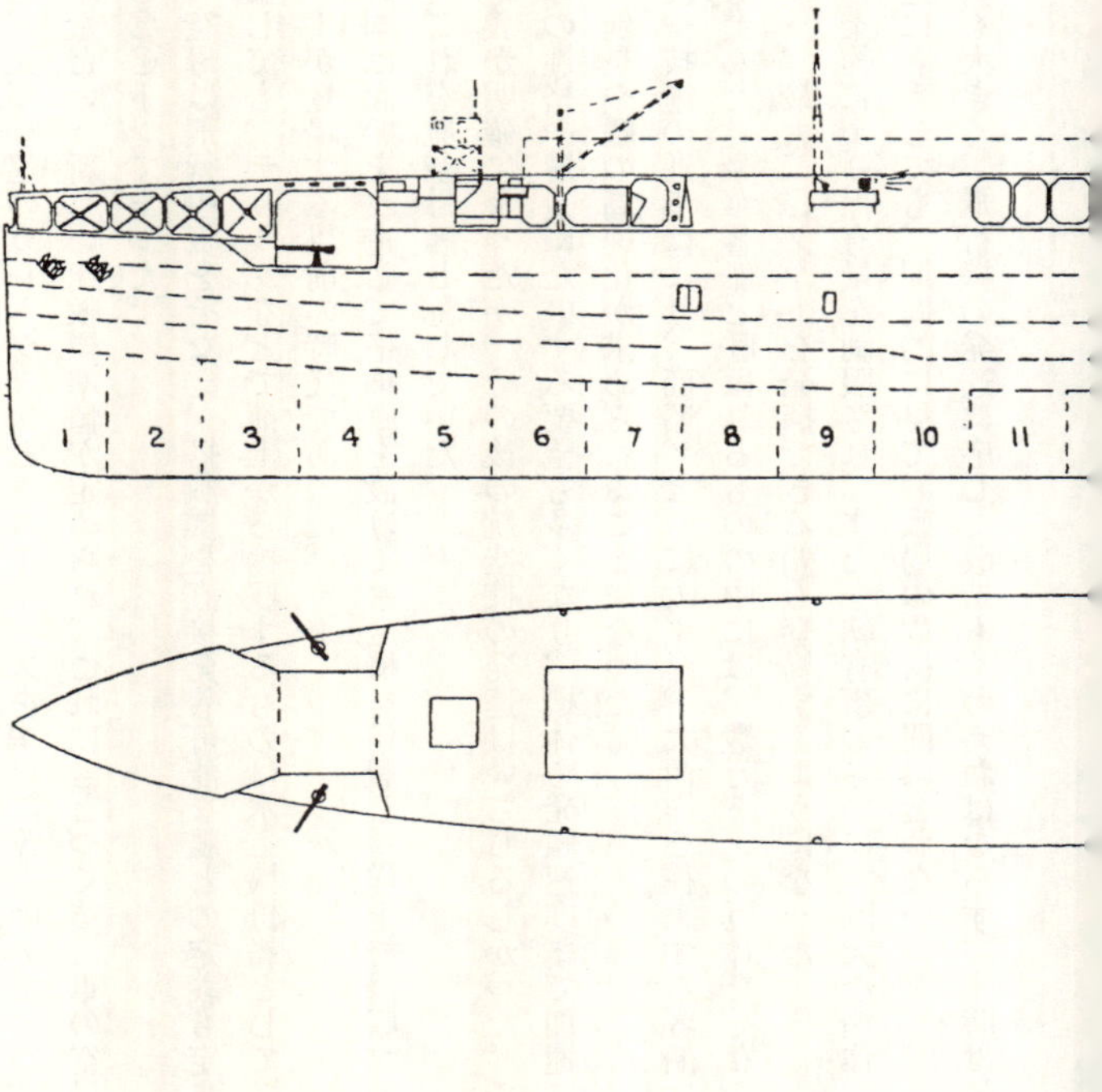

の四隻の空母を保有し、大型軽巡のカレージャスとグローリアスを空母に改造中であった。

軍縮条約で基準排水量という新しい比較標準値が定められ、これにもとづく英海軍の空母合計保有量は八万一〇〇〇トンであった。

また、この条約で、空母は飛行甲板をそなえ、搭載機を直接発着可能な艦との定義も定まり、カタパルトで発艦しても、デリックなどで海上から揚収するものは水上機母艦として区別された。ヘリコプターが登場する以前の時代であった。

第一次大戦当時、各国は商船を改造して格納庫を設けて水上機を搭載し、洋上で揚収する水上機母艦を整備し、これを航空母艦と称していた。

軍縮条約で空母の定義が明確になったが、その後の航空機の発達はいちじるしかった。これにともなって、空母の性格や構造にたいする要望も多くなり、機体を発艦速度まで加速させるため、飛行甲板の延長や艦の高速化が求められることになった。

一方、海運界の発展や技術の進歩により、商船、とくに太平洋、大西洋を往来する客船は大型になり、高速化も進んだ。豪華客船と呼ばれるものの中には、数万トンの巨体をそなえ、航海速力で二十数ノット、最大三〇ノットを発揮できる船も登場するようになった。

一方で、空母は軍縮条約により保有量を制限され、また一朝有事のさいに、巨大な船体を必要とする空母の建造に着手しても、期間的に見て、戦局の危機に間に合わない。

空母は平時の維持費も大きく、飛行機の発達に応じて改造もくわえねばならず、平時は最小限度の兵力保持が望ましい。

このような状況を考えると、平時に商船として運航している大型客船を調査研究しておき、緊急時にこれを徴用または買収し、短期間で空母に改造できれば理想的といえよう。

英米日の三海軍も、それぞれこうした発想にもとづいて、自国の大型船の空母改造を研究していた。伊海軍も戦時中に着手したが、準備不足もあって完成にはいたらなかった。

英海軍は大型客船の改造も研究したが、実際に着手したのは、それより小型で速力も低い船で、目的とする空母の性格もことなっていた。

英海軍における商船の航空機搭載研究は、一九二六年に商船改造の特設巡洋艦に一〜二機を搭載、警戒水域でカタパルトによって射出し、護衛にあたらせる——との方針で開始された。

航空省も参加して研究をかさね、その結果、重量七〇〇〇ポンド（三・二トン）の航空機を前部のカタパルトで射出、任務遂行後は煙突後方の着艦制動索を設けた着艦甲板に収容する、航空護衛艦の構想がまとめられた。

一九三四年までに、この航空設備を設ける船として、一万四〇〇〇〜二万総トン、速力一五〜二〇ノットの船数隻をそろえ、これに一層の格納庫と制動索三本をそなえた着艦甲板（八六・九×一九・八メートル〜九一・四×二四・四メートル）、双方を連絡するエレベーター一基を設けるなどの改造内容も決定した。

この改造工事の必要期間は九〜一二ヵ月と見積もられた。第一次大戦で、独Uボートに苦しめられた苦い体験をもつ英海軍としては、この年にドイツでヒトラー政権が誕生し、こうした護衛対策をいそぐ必要があったものと思われる。

次に問題とされたのが、商船の煙突や船橋などの上部構造物であった。

これらは着艦甲板の前にそびえ、気流を乱して着艦の障害となることは、フューリアスなどで経験済みである。

また、煙突も舷側に曲げて開口するとなると、タービン船よりディーゼル船の方が排気管処理も容易で、工事期間も短縮できることが確認された。

こうして航空護衛艦は特設巡洋艦からフラッシュデッキ型、またはアイランド型の空母へとデザインを改めることになった。

一九三五年に交易保護空母（Trade Protection Carrier）と名称も改め、内容は次のように定められた。

(1)総トン数一万〜二万総トン。

(2)主機はディーゼル機関とし、できるだけ高速船が望ましい。

(3)航続力は一四ノットで六〇〇〇海里以上。

(4)幅二一・三メートル以上の全通した飛行甲板に、着艦制動索とエレベーターを設ける。

ウィンチェスター・キャッスル

(5)格納庫には搭載機一二～一八機を収容。
(6)対空および対水上用の一二センチ砲と近距離防衛用火器を装備。
一九三六年に実在の船を調査して、交易保護空母に改造可能なモデルとして、次の二隻を選び出した。
○客船ウィンチェスター・キャッスル
二万一〇九総トン、全長一九二・三メートル、幅二二・九メートル、主機ディーゼル、二軸。
○貨物船（貨客船）ワイパワ
一万七八四総トン、全長一五七・三メートル、幅二一・五メートル、主機ディーゼル、二軸。

いずれも三〇年代前期に建造された新船で、改造期間は一二ヵ月と見積もられた。

この段階で海軍造船指導部が、この空母について三つのモデルを想定し、その装備や性能などの技術的要件をまとめ、次のように提示した。
○タイプA

速力二〇ノット以上、航続力一万五〇〇〇海里、搭載機二五、格納庫収容一六、飛行甲板一六八×二三メートル以上、昇降機二、航空燃料七万五〇〇〇ガロン以上、一二センチ連装砲二、二ポンド・ポンポン砲四、エリコン式二〇ミリ機銃装備。

○タイプB

速力一八ノット以上、航続力一万五〇〇〇海里、搭載機一五、格納庫収容一二、飛行甲板一五二×二一メートル以上、昇降機一、航空燃料五万ガロン以上、兵装はタイプAと同じ。

○タイプC

速力一五ノット以上、航続力はできるだけ延長、搭載機一〇、格納庫収容四、飛行甲板一三七×一八メートル以上、昇降機一、航空燃料三万三〇〇〇ガロン以上、一二センチ連装砲一、二ポンド・ポンポン砲四、エリコン式二〇ミリ機銃装備。

いずれもアイランド艦橋をそなえ、カタパルト、バリアー、着艦制動索四〜六本のほか、対潜音波探知機も装備すべきだとしている。なお、一二センチ砲はMk19連装両用砲と見られる。

一九三七年にいたり、いそぎ空母に改造すべき船として、客船ウィンチェスター・キャッスル、ワーウィック・キャッスル（二万四四五総トン）、ダンヴェガン・キャッスル、ドゥノッター・キャッスル（一万五〇〇七総トン）、レイナ・デル・パシフィコ（一万七七〇七総トン）の五隻が指定されたが、人員の不足もあり、改装設計や準備に手間どって、工事未着のまま三九年の開戦を迎えた。

開戦後、独Uボートや航空機による船舶被害が急増し、大型船舶の需要も増して、この空母計画も白紙状態にかえることになった。

第1章　CAMカタパルト装備商船の出現

開戦前、イギリス海軍はドイツ海軍の通商破壊戦を想定して、大型客船五隻の交易保護空母改造の準備をすすめていた。開戦後、船舶の被害は予想以上に大きく、戦時輸送省よりこれらの空母転用を拒否される事態となり、交易保護空母計画は頓挫することになった。

ドイツ軍は英船団攻撃に、UボートにくわえてフォッケウルフFw200のような長距離爆撃機も投入、被害はさらに増大した。同機は直接に船団を襲うだけでなく、付近の海域のUボートにその位置を通報し、海中から船団を攻撃させたのである。

これを防衛するには直衛の戦闘機が必要であるが、空母はすべて第一線にあり、船団護衛に使えるものはなかった。

窮余の策としてイギリス海軍が考案したのは、商船にカタパルトと戦闘機を装備し、敵機出現にさいして、これを射出して防衛にあたらせるものであった。水上機ではないので、任務遂行後はもよりの基地に帰投するか、機体を放棄して搭乗員のみを収容した。

戦闘機を犠牲にしても、船団を護り、前線への補給を維持することは喫緊の課題であった。

この目的のために最初に改造されたのが、開戦後、特設防空艦に改装されて船団護衛に従事していたスプリングバンク（五一五五総トン、一〇・二センチ高角砲八門、二ポンド・ポンポン砲八門、二〇ミリ機銃四梃、速力一二ノット）である。

一九四一年に、煙突後方に重巡ケント搭載の固定式Ｅ１ＶＨカタパルトを装備、フェアリー・フルマー戦闘機一機を搭載して、防空任務にあたることになった。

本艦は第八〇四中隊のフルマーＩＭｋ２戦闘機とともにジブラルタル発船団の護衛に従事した。九月二十四日、本国向けＨＧ73船団を護衛中にＦｗ２００一機が飛来したので、さっそく戦闘機を射出して、これを邀撃した。

撃墜にはいたらなかったが、敵機は損傷し、爆弾を捨てて逃走、本機もジブラルタルへ無事帰投し、この方法が有効であることを立証したのである。

スプリングバンクはひきつづき船団護衛に従事したが、二十七日に北大西洋でＵ２０１の雷撃を受けて沈没した。短命に終わったが、本艦が射出した戦闘機が敵機防衛に有効な働きをしたことが確認され、次のステップへすすむことになった。

一九三九年に徴用されたアリグアニ、マプリン、パテイアの商船三隻が、四〇年に同様に改装され、カタパルトとフルマーまたはシーハリケーン戦闘機一機を装備して船団に配備し、

スプリングバンク

これを戦闘機カタパルト船（Fighter Catapult Ships）と呼称した。
マプリン（五七八〇総トン）は四一年八月二日、北大西洋でSL81船団を護衛中に搭載したハリケーン戦闘機を射出し、Fw200一機を撃墜している。

しかし、Uボートの攻撃はしつように繰り返され、船団は八月三日から五日にかけての攻撃で六隻（二万七五二七トン）を失い、仕留めたUボートは一隻（U401）にすぎなかった。あいつぐ船舶被害の増大は、イギリス海軍最大の悩みであった。

戦闘機カタパルト船にも被害が出た。パテイア（五三五五総トン）は四一年四月十七日にノーサンバーランド沖で船団護衛中に、ドイツ機の爆撃を受けて撃沈された。

一九四一年八月三日、英本国へ帰航中のSL81船団護衛中のマプリンは、アイルランド沖でFw機が出現、飛び立ったシーハリケーン機は敵機に肉薄攻撃をかけて撃墜したが、機体は海上に放棄され、パイロットのみ駆逐艦に救出された。

残る二隻は、一九四二〜四三年にもとの輸送任務に復したが、これらの実績で、戦闘機の装備は船団護衛にいちおう有効なことが認めら

(上)CAM船エンパイア・タイド、(下)水上機母艦ペガサス

れ、射出方式を簡易化して広範囲に実施することになった。

　こうして誕生したのが、CAM船である。先の戦闘機カタパルト船は特設護衛艦であるが、これはカタパルト装備商船（Catapult Armed Merchant Ships）のイニシャルを取った名称で、カタパルトと戦闘機は搭載しつつ、商船としての輸送任務も保持されているのが、前者との大きな相違であった。

　したがって、戦闘機カタパルト船には海軍軍人が乗り組み、軍艦旗（ホワイト・エンサイン）を掲げるが、CAM船は砲員やパイロットをのぞく乗員は船員であり、商船旗（レッド・エンサイン）のもとに行動した。

一九一四年に竣工、第一次大戦に参加した水上機母艦アーク・ロイヤルは一九三四年にペガサス（基準排水量六九〇〇トン、七・六センチ砲四門、速力一一ノット）と改名、一九四〇年にD1Hカタパルトを装備して射出訓練に従事していた。

本艦も一九四〇年十一月にフルマー戦闘機三機を搭載し、十二月からジブラルタル向け船団の護衛に参加、格納庫を利用して航空機輸送も実施した。一九四四年に宿泊艦となったが、本艦は航空機の母艦として、二度の大戦に参加した珍しい存在であった。


ＣＡＭ船は、大西洋を行く船団中の貨物船にカタパルトと戦闘機を装備するものだが、戦闘機カタパルト船よりかなり簡略化されていた。

前檣位置の側方から船首端にかけて、長さ二五・九メートルの固定式格子構造のカタパルトが設置され、戦闘機は台車に装備された火薬ロケットに点火されて射出される。この位置はハッチやデリックの使用に支障がないように定められた。

カタパルトが固定式のため、射出が風力や風向により制約され、貨物が満載のときは機体が海水の飛沫をかぶりやすくなった。カタパルトの存在が船橋視界のさまたげとなり、前部デリック操作の支障となるなど、数々の欠点があった。

それでも採用されたのは、構造が簡単で生産しやすく、多くの船団に戦闘機を緊急手配す

シーハリケーン1A

るには、これ以外の方法を思いつかなかったからである。

搭載機はシーハリケーン1Aで、当初は空軍の古いハリケーン1を改造してカタパルト・スプールをつけ、射出に耐え得るよう機体を強化して作られた。発動機はロールスロイス・マーリン3（一〇三〇馬力）一基で最大速力五二一キロ/時、乗員一名で七・七ミリ機銃八梃を装備した。着艦フックがないので、空母への着艦はできず（艦上型は1B、1C以降）、カタ・ファイターと呼称された。

カタパルトの射出テストは一九四一年五月に実施され、空軍パイロットが搭乗した。

エンパイア・レインボーを第一船として、CAM船は三五隻が建造された。CAM船は一九四二年中はソ連向け船団に、一九四三年七月まではジブラルタル向け船団に参加して活躍した。

その一隻のエンパイア・ローレンスはPQ16船団護衛中の一九四二年五月二十六日、搭載機によりユンカースJu88一機を撃墜し、一機に損害をあたえた。翌二十七日、のべ一〇八機の空襲を受け、戦闘機を失った同船は、他の商船二隻とともに撃沈された。それは戦闘機を一度しか使えないＣＡＭ船の悲劇でもあった。

一九四二年九月にＰＱ18船団に参加したエンパイア・モーンのハリケーンは、十八日に敵機一機を撃墜、他を撃退したのち、アルハンゲルの基地に着陸したが、燃料は四ガロンを残すだけであった。この時は対空砲火も効果あり、船団の犠牲は一隻だけであった。

戦闘機カタパルト船やＣＡＭ船の運用により、これらに配備した戦闘機は、敵機の攻撃を防ぐだけでなく、その通報を受けて船団の位置を知り、航路上に集まってくるＵボートをも防ぐことになり、船団護衛上きわめて有効なことが確認された。

しかし、一度射出すれば着艦もできず、帰投すべき基地がなければ、機体を捨てねばならないのも不経済な話で、やはり複数の搭載機を発着できる船団護衛専用の空母を随伴させることが望まれてくる。

だが、空母に改造できそうな船は、ほとんどが輸送任務に服するか、他の任務に転用されていて、候補となるべき船が見いだせないのが、最大の問題であった。

第2章　世界最初の護衛空母オーダシティ

ドイツ貨客船ハノーヴァー（五五八七総トン）は一九三七年三月二十九日に進水、三九年五月十日にブレーメンのフルカン造船所で竣工した北ドイツ・ロイド・ラインの貨客船で、西インド諸島向けの航路に従事していた。

一九四〇年三月八日、イギリス海軍の封鎖線を避けようとして、プエルトリコとイスパニオラ島間を航行中、英軽巡ダニジンとカナダ駆逐艦アシニボインに拿捕された。イギリス籍となった本船は、当初シンバッド、のちエンパイア・オーダシティと改名され、洋上宿泊船とされた。

イギリス海軍が本船を護衛空母対象に選んだのは、拿捕船のため転用に海運管理部署の承認を必要とせず、船体や機関が新しい点も当然評価されたに違いない。

もっとも機関については、イギリス海軍にはなじみのないタイプだったので、その取り扱いについては、商船部門技術者の協力を必要としたという。ディーゼル船であることも、煙路処理の面で手間がはぶけるばかりか、飛行甲板上の気流障害も発生せず、有利と判断されたのであろう。

改造するべき艦種は「船団護衛用の補助空母」とされ、工事担当はノーサンバーランドのブライス乾ドック造船社、工期は六ヵ月の予定で一九四一年一月に回航された。

これと併行して、搭載機の選定作業がすすめられた。フルマーやシーハリケーンも検討されたが、もっと新しい性能の優れた機種が当然求められた。

アメリカ海軍が一九三九年に発注したグラマンF4F-3艦上戦闘機は、多くの改良がほどこされて高性能を発揮し、翌年には空母エンタープライズに二二機も配備された最新鋭機であった。

これに着目したフランス海軍は、対独戦に備えて、その輸出型で発動機や兵装などをあらためたG36Aを一九三九年末に八一機発注した。しかし、ドイツ軍は一九四〇年五月にヨーロッパへ進攻し、六月にフランスが降伏したため、戦闘機発注は宙に浮いたかたちとなった。

これを代わって引き受けたのがイギリスで、機内の装備や兵装をあらため、九一機をマートレット1として発注、一九四〇年七月から引き渡しがはじまった。イギリス海軍はシーハリケーンより機銃兵装が強化されている本機を、船団護衛空母の搭載機として着目したのである。

マートレット１は一二四〇馬力のライト・サイクロンＧ２０５Ａ発動機を備え、最大速度四八九キロ／時、航続距離一三三〇キロ、一二・七ミリ機銃四梃を装備した。ただし、主翼の折り畳みはできない（このため、他の空母には搭載できず、本艦以外は陸上基地で使用された）。

ブライス造船社の改装工事は一九四一年一月二十二日に開始された。商船時代の前後のマストやデリック、中央の船橋、船室をふくむ構造物もボートデッキ以上はすべて撤去され、前後にわたり飛行甲板が軽量構造物と伸縮接手をもちいて設けられた。

飛行甲板右舷前方に小型艦橋を設けた平甲板（フラッシュデッキ）型で、飛行甲板下の格納庫や連絡するエレベーター、修理工作施設は全廃され、搭載機はすべて露天繋止とされた。主機は商船当時の一軸ディーゼルが使用され、排気口は飛行甲板下右舷後方に設けられ、右舷前方寄りの単檣以外に飛行甲板上の突起物はないが、飛行甲板後方両舷に昇降式の防風柵がある。露天繋止のため、搭載機の整備や給油作業すべてが、この位置で実施しなければならず、そのためのガードであった。

兵装として艦尾に一〇・二センチ高角砲、両舷のスポンソンに六ポンド砲、二ポンド・ポンポン砲、二〇ミリ機銃などの対空兵装が配置された。

搭載機は最大八機、マートレット１戦闘機六機で、前述のようにすべて露天繋止である。着艦制動索は飛行甲板後方に四本、速度五五ノットで着艦した九〇〇〇ポンド（約四トン）

の機体を繋止する能力があった。

工事なったエンパイア・オーダシティはクライド水域で公試を実施し、イギリス海軍艦籍に入った。新造時の要目は次のとおり。

基準排水量一万二〇〇〇トン、満載排水量一万一〇〇〇トン、全長一四二・四メートル、最大幅一七・一五メートル、最大吃水六・五八メートル。

飛行甲板長さ一三八・一メートル、幅一八・三メートル。

主機フルカン式ディーゼル一基／一軸、出力五二〇〇馬力、速力一四・五ノット、燃料搭載量六四九トン、航続力一四ノット／一万二〇〇〇海里。

装甲は主機、弾薬庫付近に弾片防御。

兵装一〇・二センチ（Ｍｋ５）単装高角砲一門、六ポンド（口径五七ミリ）単装高角砲一門、二ポンド（口径四〇ミリ）四連装ポンポン砲四門、二〇ミリ（エリコン式）単装機銃四梃。

搭載機（最大）マートレット1戦闘機八機（他に分解格納二機）、航空燃料一万ガロン。

乗員二一〇名。

世界最初の護衛空母である。工期短縮のため、格納庫、エレベーター、カタパルトなどはすべて廃止され、空母として最小限度の機能があたえられた。

対空用の79Ｍレーダー一基がマスト上に設けられたが、対潜用のアズディックは未装備で

オーダシティ。露天繋止されたマートレット1が見える

あった。

一九四一年七月十日、海軍第八〇二中隊のマートレット1艦戦による最初の着艦に成功し、六機が収容された。七月三十一日に艦名をオーダシティとあらため、ハルナンバーはD10。

最初の商船改造空母として、アメリカ海軍のロング・アイランドが完成したのは同年七月二日、日本海軍の「春日丸」（のちの「大鷹」）は九月十五日であり、相前後してデビューしていたことになる。


英海軍最初の護衛空母オーダシティの初陣は、一九四一年九月十三日、ジブラルタル向けのOG74船団（商船二七隻、スループ一隻、コルヴェット五隻）の護衛であった。往路の一三日間、船団は六隻を失ったが、本艦搭載のグラマン・マートレット艦戦六機は船団上空を護り、飛来したフォッケウルフＦｗ２００一機を撃墜し、Ｕボート一隻を発見する成果を挙げた。

帰路のＨＧ74船団は、ほぼ支障なく航路を進み、無事に帰国をはたした。この初航海で、護衛空母の評価は高まった。

船団護衛中、一度しか出撃できないＣＡＭ船と、会敵がなくても発艦し、警戒哨戒も可能な護衛空母とでは、船団関係者の信頼度にかくだんの開きがあったようである。

十月二十九日、オーダシティはＯＧ76船団を護衛して、ジブラルタルに向かった。途上、搭載機は一〇日間飛び立ち、Ｆｗ２００二機を撃墜し、一機を撃退した。

十二月十四日、ジブラルタルを離れたＨＧ76船団は商船三二隻で構成され、護衛兵力は本艦のほかにスループ二隻、駆逐艦三隻、コルヴェット七隻で編成されていた。

その航路にはドイツ機の通報をうけたＵボート群が待ちうけており、北大西洋で激戦が昼夜六日間にわたり展開された。この戦闘で護衛部隊は、Ｕ１２７、Ｕ１３１、Ｕ４３４、Ｕ５７４、Ｕ５６７のＵボート五隻を撃沈し、Ｆｗ２００二機を撃墜したが、オーダシティもＵ７５１の雷撃をうけ、十二月二十一日（午後十時十分）、ポルトガル沖（西経一九度五四分、北緯四三度四五分）で沈没した。

本艦のマートレット艦戦は、この戦闘で敵機二機を撃墜、三機を撃破、三機を撃退したほか、Ｕボート八隻損傷（のち護衛艦による撃沈をふくむ）の戦果を挙げたと記録されている。

船団の損失は二隻であった。

本艦がいなかったら、船団の被害は甚大なものとなったにちがいない。短命に終わったが、オーダシティは船団護衛における空母の存在価値を立証することになった。

なお、当時ドイツ海軍は本艦の存在を知らず、英水上機母艦ユニコーン（当時建造中の航空機補修艦と誤認？）を撃沈したと発表している。

第3章　米国の護衛空母建造

商船改造空母の研究は、米海軍でも進められていた。一九二四年頃、一万三〇〇〇総トン以上、速力二五ノットの商船九隻を空母改造の対象としてリストアップしている。その中には石炭焚きや老朽船もふくまれていて、速力や航続力も不足するなど、空母への適性が疑われるものもあったという。当時、空母は新しい艦種であり、知識や経験も不十分であったようだ。

その後、研究も進み、一九二九年にはじまる対日戦を想定したオレンジ計画では、XCVとして航洋力もある大型高速客船の補助空母への改造が検討された。一万七〇〇〇総トン、速力二〇ノットの重油専焼船に長さ一五二メートル、幅五〇メートル以上の飛行甲板を設け、爆撃機七二機、一五・二センチ砲六門、七・六センチ高角砲八門を装備した大型空母改造案や、これより小型で速力一一ノットの重油専焼船に一二二メートル×一八メートルの飛行甲板を設け、爆撃機、雷撃機各一八機を搭載、一五・二センチ砲四門、七・六センチ高角砲四門、機銃八梃を装備する試案が生まれている。

搭載機数が多いのは、前線の空母や洋上基地への補給も想定していたからであろう。改造船の候補も、小型タイプは当初、速力一一～一四ノットの大型貨物船が挙げられていたが、それでは能力不足となり、より大型高速のものが求められた。

一九三三年には、マンハッタン（一万四二八九総トン、二〇ノット）、マリポサ（一万八〇一七総トン、二〇ノット）、プレジデント・クーリッジ（二万一九三六総トン、二一ノット）クラスの新造大型客船が空母改造対象とされている。艦上機の発達により、そうした船体が必要とされたのであろう。

一九三六年度の予算編成時には、カリフォルニア（二万三二五総トン、一九ノット）、マンハッタン、プレジデント・フーヴァー（二万一九三六総トン、二〇・五ノット）三隻の買収ならびに改造費が要求された。三九～四〇年には、新造の高速客船の空母改造案まで登場した。

しかし、これらの空母改造要求にたいして海軍作戦部門から、大型客船は空母改造に不適とする反対意見もあった。改造に一隻あたり約六〇〇万ドルの経費を要することや、これらの船は戦時には高速運送艦に予定されるなど、いくつかの障害があり、予算的には認められなかった。

そして、一九三九年九月の欧州大戦勃発による状況変化は、長く続けられた大型客船の空母改造計画に終止符を打つことになった。

一九四〇年暮れから、米海軍内で商船改造空母の研究が開始されたのは、フランクリン・ルーズヴェルト大統領から海軍長官に送られた一通の書簡がきっかけであった。

大統領は、欧州大戦で英海軍がUボートなどの通商破壊戦に苦しんでいるのを見て、一九四〇年十月、次のような提案をしたという。

「排水量六〇〇〇～八〇〇〇トン、速力一五ノット以上の商船に飛行甲板を設け、ヘリコプターまたは低速で着艦可能な航空機約一〇機を搭載して、対潜護衛に使えないか」

これなら貨物船の改造で対応可能であり、既述のように大型客船の空母改造で生じたような問題もない。さっそく、この問題について、暮れから翌年一月にかけて海軍部内で検討会がもたれ、実施の方向で研究が進められることになった。

この話をルーズヴェルト大統領から聞かされたチャーチル英首相は、商船改造空母に大きな関心をよせ、空母が完成したら、同型艦一隻を英海軍用に建造してほしいと申し入れた。

研究は早々にまとめられ、当時量産中のＣ３型貨物船を空母に改造することになり、一九四一年一月初めまでに、サン造船兼乾船渠社（チェスター）で建造中のモアマックメイルとモアマックランドの二隻が選ばれた。

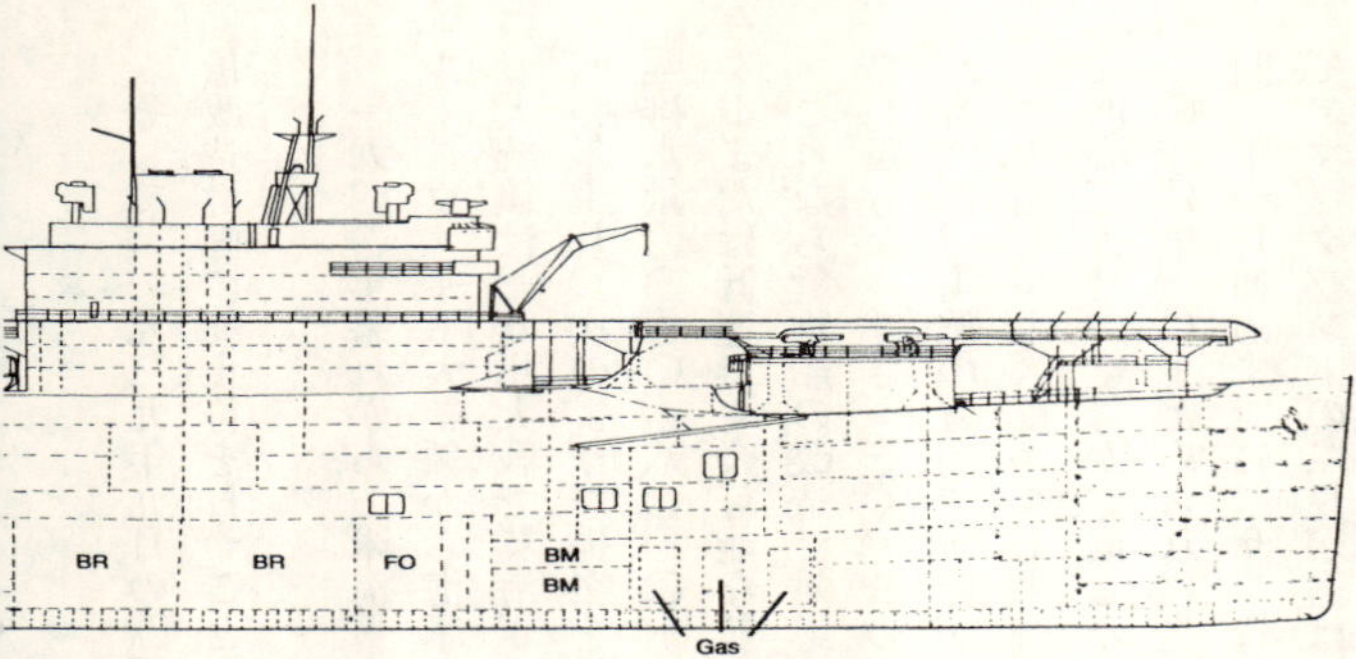

工事期間は三ヵ月とされ、工期短縮のため、アイランドを持たない平甲板型空母が採用された。

煙突を必要としないディーゼル船としたのも、オーダシティと同様であった。

C3型船が選ばれたのも、改造工事を担当した空母建造歴の豊かなニューポートニューズ社の提言にもとづいている。モアマックメイルは米海軍用、モアマックランドはチャーチルの要請により英海軍用とされた。

モアマックメイルに予定された最初の艦種名称は特別護衛艦（Special Escort Ship）で、艦種記号はAPV1であった。APは運送艦を示し、Vは航空機（もとは飛行船）を意味するから、いわば航空機運送艦となり、記号のうえでは空母扱いされていなかったことになる。

米海軍としても、最初の空母ラングレーより小型の本艦が空母として使用可能か、疑問を抱いていたのかも知れない。

客船プレジデント・フーヴァーの空母改造計画

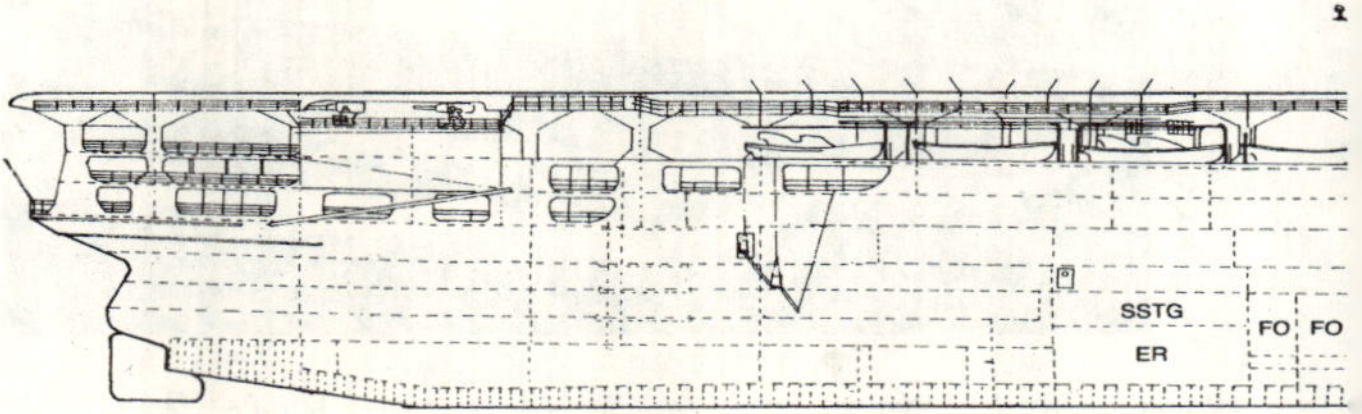

一九三九年七月七日にサン造船兼乾船渠社で起工され、一九四〇年一月十五日に進水したモアマックメイルは、三月六日に米海軍が取得し、ロング・アイランドと改名した。この時、艦種記号はＡＶＧ１（Aircraft Tender, General Purpose）と定められた。

竣工したのは一九四一年六月二日である（エンパイア・オーダシティが竣工したのは六月二十日であるから、完成は本艦の方が早かったことになる）。

新造時の要目は次のとおりである。

基準排水量七八八六トン、満載排水量一万四〇五五トン、全長一五〇・〇メートル、幅二一・二メートル、最大幅（飛行甲板）三三・二メートル、吃水七・八メートル。

主機ブッシュ・ズルツァー式ディーゼル四基／一軸、出力八五〇〇馬力、速力一六・五ノット、燃料搭載量一三六〇トン。

兵装一二・七センチ単装両用砲一基、七・六センチ単装両用砲二基、一二・七ミリ単装機銃四梃、搭載機二一機、

新造時のロング・アイランド

カタパルト一基。乗員九七〇名。

完成した本艦を舷側から見ると、船首楼のついた貨物船の船体が明瞭で、ラングレー以来の平甲板型空母である。計画された最初の飛行甲板は長さ一〇九・七メートル、幅二一・五メートルの木製で、搭載を予定されたカーチスＳＯＣ偵察機が着艦可能ギリギリの長さのため、のちに延長されている。

滑走距離の短いピトーケン・オートジャイロもテストされたが、実用にならぬことが判り、一九四一年十二月に本艦に配属されたのは、ＳＯＣ３偵察機一三機とブリュスターＦ２Ａバッファロー戦闘機七機のＶＳ二〇一中隊であった。

飛行甲板中央部に四本の着艦制動索が設けられ、左舷前方にＨ２カタパルト一基が装備された。飛行甲板下の前部中央に艦橋、飛行甲板前方右舷に信号橋、後方にエレベーター一基が設けられている。復原力保持のため、バラスト一六五〇トンが積載された。

飛行甲板も短く、低速な本艦がバッファローのような単葉戦闘機を運用可能としたのは、カタパルトに負うところが大きい。

本艦が装備したＨ２カタパルトは三・二トンの機体を一一三キロ／時で射出する能力があり、空母ヨークタウンやワスプにも装備された。

竣工後、九月にノーフォーク工廠で飛行甲板を二三・五メートル延長した。また、新造時に装備していた一二・七ミリ機銃は翌年に二〇ミリ機銃に換装され、十一月には二〇梃に増強されている。

就役後、本艦は大西洋岸で訓練や搭載機をもちいた各種テストに従事した。

英海軍向け空母に改造されることになったモアマックランドは、工程事情がモアマックメイルとはいくらか異なっていた。

本船は一九三九年六月七日、チェスターのサン造船兼乾船渠社で起工され、十二月十四日に進水して、一九四一年一月にモアマックメイルとともに空母改造が決定した。

しかし、モデルシップのモアマックメイルが三月に米海軍に買収されて工事が進められる間、二番艦となる本船は改造内容が決定するまで、待機を余儀なくされることになる。

英海軍としては、商船改造の護衛空母をもっと増やしたいのだが、戦時下、国内造船所にその余裕がなく、アメリカに委託したいと考えていた。それには法的手続きも必要で、その間にモアマックランドの工事は進捗し、一九四〇年四月二十四日、貨物船として竣工してしまった。

一九四一年三月十一日、米大統領が武器貸与法を議会に通過させてから、すべては順調に

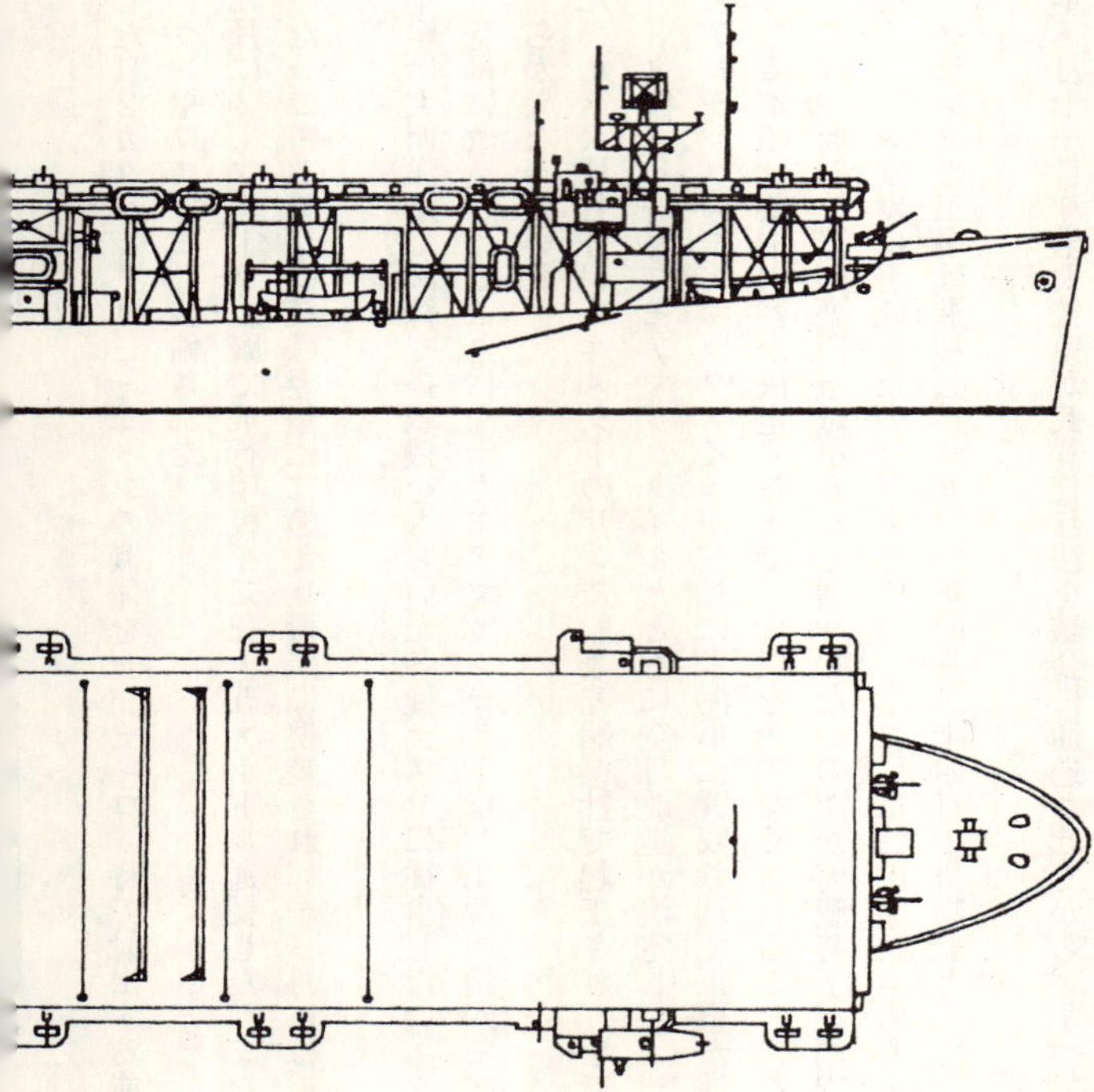

ロング・アイランド（1942）

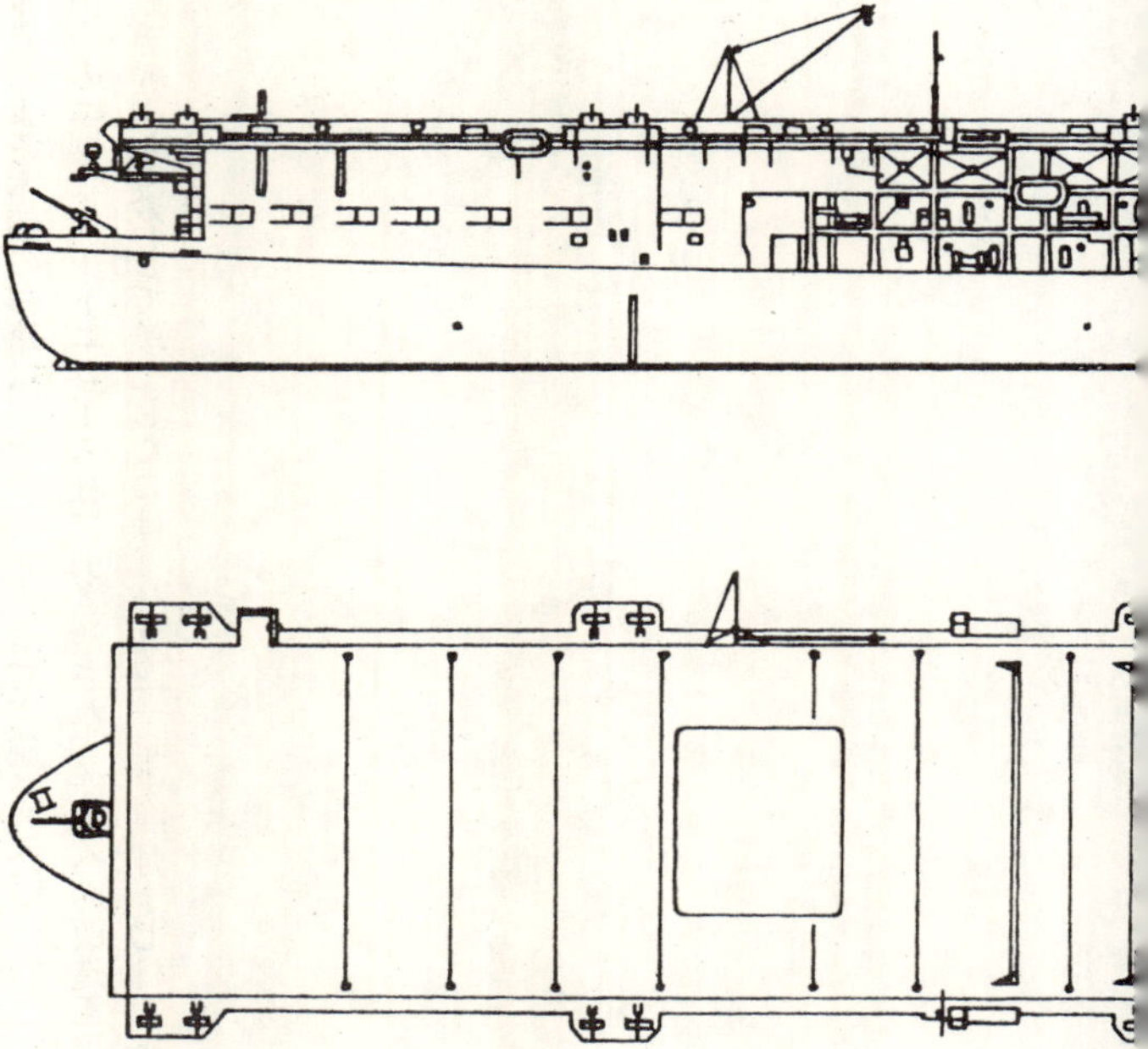

進捗した。英海軍省による本船の移籍は、それに先立って実施された。

十一月に改造担当のニューポートニューズ社に引き渡され、空母への改造工事が開始された。護衛空母アーチャーと改名して竣工したのは、一九四一年十一月十七日であった。

第4章　アーチャー級

英海軍省は一九四一年一月、ロンドンに米海軍士官二八名を招いて護衛空母建造の会議を開催、アーチャーにつづいて五隻の護衛空母建造をアメリカに要望した。

モデルとして、英客船ウィンチェスター・キャッスル（二万一〇九総トン、速力一六ノット）に戦闘機六機を露天繋止、艦内の小型格納庫にソードフィッシュ雷撃機六機を収容する護衛空母（カタパルトなし）案を提示した。

しかし、米海軍側はC3型貨物船改造の方が工期が短く、量産しやすいし、搭載機も多い、カタパルトも装備可能として、これを両軍で使用することを主張、英海軍もそれを了承した。

同年五月、さらに三隻のC3型貨物船を英海軍の空母に改造することになり、英国を示す「B」の頭文字を付けてBAVG1～3の番号があたえられた。さらに、一隻が追加された。

BAVG4（のちにチャージャーと命名）は引き渡し後、英海軍パイロットの訓練養成を米国内で実施するため米海軍に返却され、その代わりにアタッカー級のトラッカーが、英海軍に貸与された。

先の四隻はアーチャー級（二番艦以下は一番艦と機関などが異なるので、アヴェンジャー級と区別されることもある）と呼称されている。

新造時のアーチャーの要目は次のとおり。

基準排水量一万二二〇トン、全長一五〇・〇メートル、幅二一・二メートル、吃水六・七メートル、飛行甲板長さ一三三・五メートル、幅二一・三メートル。

主機ブッシュ・ズルツァー式ディーゼル四基／一軸、出力八五〇〇馬力、速力一六・五ノット、燃料搭載量一四三〇トン、航続力一〇ノット／一万四五五〇海里。

兵装一〇・二センチ単装高角砲三門、二〇ミリ・エリコン式機銃連装一五基、搭載機一六機、カタパルト（H2型）一基、航空燃料三万六〇〇〇ガロン。乗員五五五名。

ロング・アイランドとほぼ同型であるが、飛行甲板は一三四メートルに延長され、右舷前方に小型の航海兼航空指揮所が設けられた。格納庫は飛行甲板後方下に配置され、長さ七九メートル、幅一八・九メートルと英国産護衛空母の四倍もあり、英護衛空母ではじめてカタパルトを装備した。

後方にエレベーター（一一・五×一〇・四メートル）一基がある。着艦制動索は九本あり、六〇ノットで着艦した一万ポンドの機体を繋止可能と、オーダシティよりも強化されている。

搭載機は標準一五機だが、輸送時には九〇機の運搬ができる。

米国製の英貸与空母を示すＢＡＶＧナンバーは、次のように付けられた。

ＢＡＶＧ１・アーチャー、２・アヴェンジャー、３・バイター、４・チャージャー（米海軍返還により欠番）、５・ダッシャー、６・トラッカー。

トラッカーはチャージャーの代艦で別級である。アーチャー級もアーチャーとアヴェンジャーの二隻は平甲板型だが、バイター以下は小型の艦橋が設けられ、外観に若干の相違がある。

アーチャー級二番艦のアヴェンジャーは、一九三九年十一月二十八日にサン造船兼乾船渠会社（チェスター）で船名リオ・ハドソンとして起工され、一九四〇年十一月十七日の進水後、ベスレヘム・スティール社にうつされて護衛空母改装工事にはいり、一九四二年三月一日に竣工した。

一番艦とおなじ平甲板型であるが、機関などが相違し、その後の諸改正も採り入れられていて、本艦以下の四隻をアーチャー級と区別して、アヴェンジャー級と呼称することもある。三番艦バイター以降は飛行甲板右舷前方に小型艦橋を設置し、外容にも変化を生じていた。

新造時のアヴェンジャーの要目は次のとおりである。

基準排水量一万二一五〇トン、満載排水量一万五七〇〇トン、全長一五〇・〇メートル、幅二一・三メートル、吃水八・〇メートル、飛行甲板一三四・七メートル、幅二一・三メートル。

主機サン・ドックスフォード・ディーゼル二基／一軸、出力八五〇〇馬力、速力一六・五ノット、燃料搭載量三二〇五トン、航続力一〇ノット／一万四五五〇海里。

兵装一〇・二センチ単装高角砲三門、二〇ミリ・エリコン式単装機銃一〇梃、一二・七ミリ・ブローニング式機銃六梃、搭載機一五機、カタパルト（H2型）一基、航空燃料二万九〇〇〇ガロン。乗員五四五名。

格納庫は長さ五七・九メートル、幅一四・三メートル、高さ四・九メートル。搭載投下兵器は四六センチ魚雷、五〇〇ポンド爆弾、二五〇ポンド爆弾、Mk7爆弾、照明弾などである。洋上で護衛の駆逐艦にたいする給油装置も設けられた。

装甲は持たないが、艦橋、砲座などの重要個所には弾片防御がほどこされた。なお、空母改造による重心上昇と戦闘被害時にそなえて、約一〇〇〇トンのバラストが積載された。

飛行甲板は艦首近くまで延長され、後方のエレベーター（一二・八×一〇・四メートル）は五・五トンの積載能力がある。前部のH2型カタパルト、後部の着艦制動索九本装備はアーチャーと変わりない。なお、アヴェンジャーには衝突防止柵（対七・三トン、一三七キロ／時）三基が設けられた。

三番艦バイターは、おなじくC3型貨物船リオ・パラナとして一九三九年十二月二十八日、サン造船兼乾船渠会社で起工、一九四〇年十二月十八日に進水したが、英海軍向けの護衛空

チャージャー

母改造決定により、翌年九月にアトランティック・ベイスン鉄工所（ブルックリン）に回航され、改装工事に着手した。

一九四二年五月一日、英空母バイターとして竣工、六月に英国へ回航された。

主機型式をはじめ、兵装などの主要目はアヴェンジャーとほぼ同様であった。外観上の大きな相違は、アヴェンジャーでは飛行甲板右舷前方寄りに設けられていた小型の航海兼航空指揮所に代わって小型のアイランドが設置され、飛行甲板舷外に直立したことであった。

これにより、航海ならびに航空指揮が容易になり、以後の米英海軍のすべての護衛空母に引き継がれることになった。

当初、ＢＡＶＧ４としてアーチャー級四番艦に予定されたチャージャーは、おなじくサン造船兼乾船渠会社で貨物船リオ・デ・ラプラタとして一九四〇年一月十九日に着工され、一九四一年三月一日に英空母予定のチャージャーとして進水したが、米国内で英護衛空母パイロット訓練に従事することになり十月四日、米海軍に返還された。

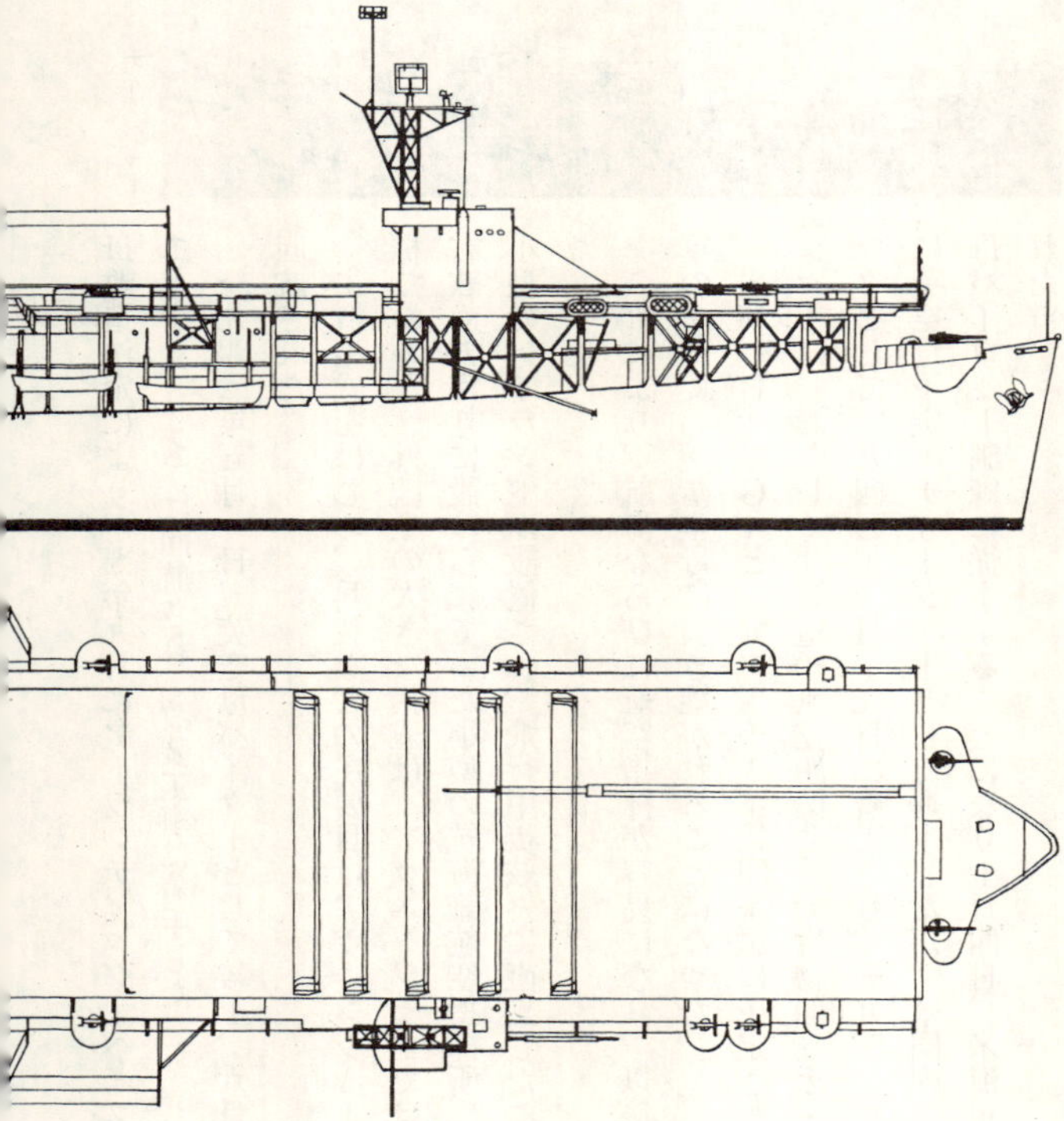

チャージャー(1942 年 竣工時)

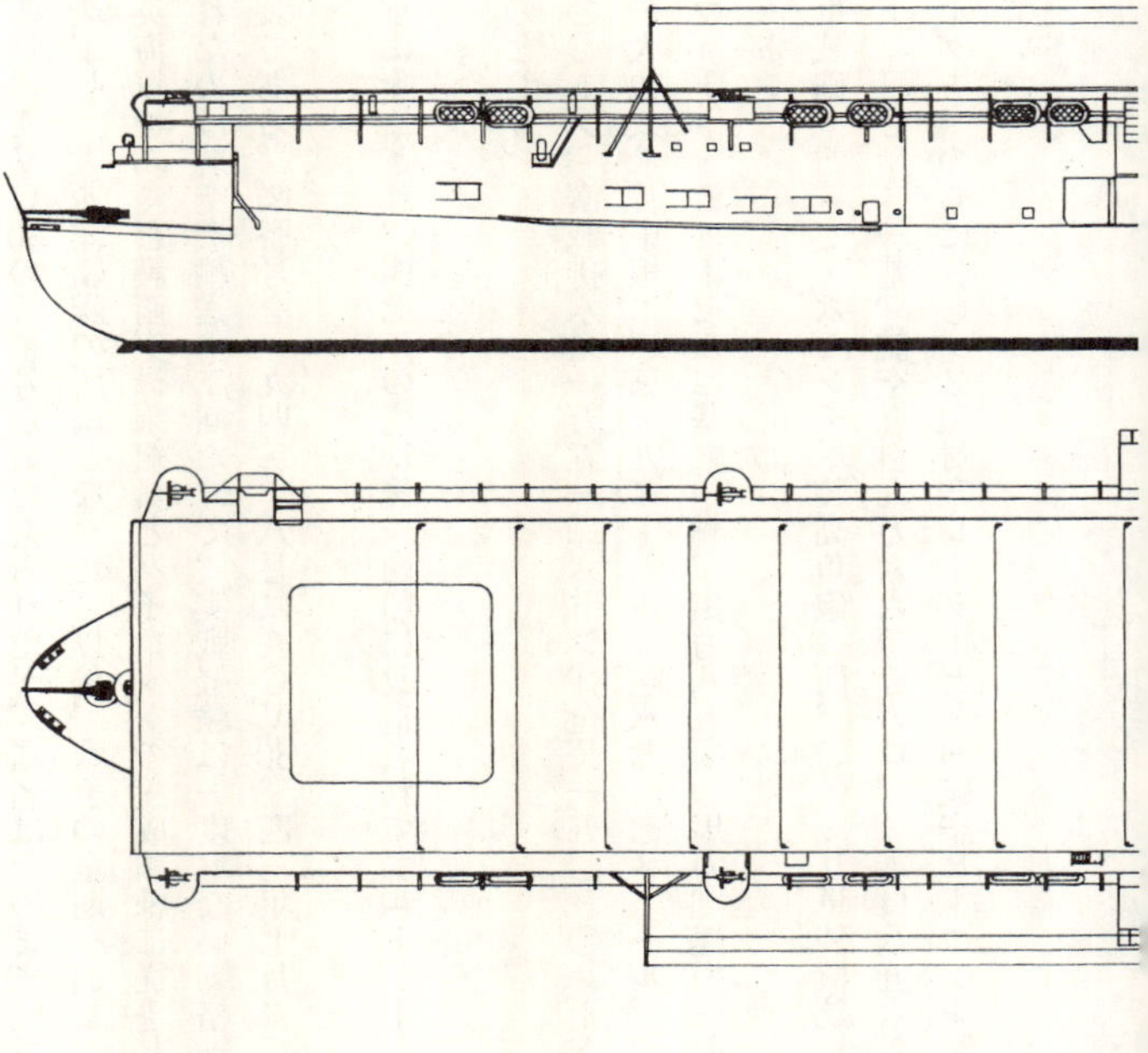

一九四二年一月二十四日、AVG30の艦番号があたえられたが、艦名はそのまま残された。一九四二年三月三日に竣工し、大西洋艦隊の所属となった。以後、戦争の全期を通じ、チェサピーク湾にあって、英海軍をふくむ護衛空母乗組員とパイロットの養成訓練に従事した。

この間、同水域を離れたのは航空機輸送の二回だけで、実戦経験は一度もない。格納庫は一部側壁がなく、軽兵装である。艦番号を一九四二年八月にACV30、四三年七月にCVE30に改めている。

一九四六年三月十六日に除籍され、四七年の売却後、商船に改造されてフェアシーと改名した。

米海軍での要目は次のとおり。

基準排水量一万一八〇〇トン、満載排水量一万五一二六トン、全長一五〇・〇メートル、幅二一・二メートル、最大幅（飛行甲板）二三・九メートル、吃水七・七メートル。

主機サン・ドックスフォード・ディーゼル二基／一軸、出力八五〇〇馬力、速力一七ノット、燃料搭載量三〇六一トン。

兵装一二・七センチ単装砲一門、七・六センチ単装高角砲二門、二〇ミリ単装機銃一〇梃、搭載機二一、カタパルト（H2型）一基、航空燃料九万六六〇〇ガロン。乗員八五六名。

当初、SC、SGレーダー、のちにSC－2型対空レーダーとYE航空ビーコンを装備、電波兵器は近代化されていた。

チャージャーの返還により四番艦となったダッシャーも、一九四〇年三月十四日、サン造船兼乾船渠会社でC3型貨物船として起工、四一年四月十二日に進水してリオ・デ・ジャネイロと命名された。

十一月二十二日に米海軍が取得し、タイトジェンズ&ラング乾船渠会社へ移行、空母改装工事に着手した。一九四二年七月一日に竣工し、翌日、英海軍に引き渡され、ダッシャーと命名された。同月、公試運転中に機械室で火災事故を生じてドック入りをよぎなくされたが、八月末に修理を終えて英国へ向かうことができた。

返還されたチャージャーの代艦として、アタッカー級のトラッカー（一九四三年一月竣工）がBAVG6として英海軍に貸与された。本艦はシアトル・タコマ造船所で建造され、これらアーチャー級の初期建造艦とは内容的にもかなり異なるので、アタッカー級解説のさいに、あわせて採りあげることにしたい。

四隻そろったアーチャー級の艦番号（ハル・ナンバー）と、実戦部隊に編入され、最初に搭載した艦上機の機種と機数、所属部隊は次のとおりである。

◇アーチャー（D78）一九四二年三月
ソードフィッシュ艦攻×四（八三四中隊）、マートレット艦戦×一二（予備）
◇アヴェンジャー（D14）一九四二年八月

ソードフィッシュ×三（八二五中隊）、シーハリケーン艦戦×九（八〇二中隊）、シーハリケーン×六（八八三中隊）
◇バイター（D97）一九四二年六月
シーハリケーン×一五（八〇〇中隊）
◇ダッシャー（D37）一九四二年十月
シーハリケーン×六（八〇四中隊）、同×六（八九一中隊）

アメリカから貸与されたアーチャー級四隻は、公試を経て英本国へ回航された。搭載機はすべて露天繋止され、諸作業を飛行甲板上で処理せねばならなかったオーダシティとくらべれば、格納庫もエレベーターもあり、カタパルトまで備えた空母は有力な存在で、期待は大きかった。

訓練を経て、それぞれ船団護衛任務に従事、激しい戦闘に身をさらすことになった。以下、各艦の戦歴をふくむ艦歴を紹介する。

◆アーチャー

一九四一年十二月、公試で明らかになった欠陥個所補正のため、二十四日にフィラデルフィア工廠へ回航された。修理を終えた本艦は一九四二年一月十日、ノーフォークに入港、英

819中隊のソードフィッシュ艦攻と、892中隊のマートレット艦戦を搭載するアーチャー

国へ輸送する航空機を収容して出港したが、十二日に米給油艦ブラゾスと衝突、損傷してチャールストンへ曳航され、サウス・カロライナで修理を受けることになった。

これを終えて戦闘準備をととのえたアーチャーは、一九四二年三月からウエスターン・アプローチと呼ばれた西方近海水域の船団護衛戦に参加することになった。

最初の任務は三月十四日、八三四中隊のソードフィッシュ攻撃機四機と予備のマートレット戦闘機一二機を搭載して、重巡デヴォンシャーと駆逐艦二隻の護衛の下に、西アフリカのシエラ・レオネへ送り届けることであった。四月四日、無事フリータウンに着いたが、機関に故障を生じた。そのため、五月の活動は十三日にフリータウンからおなじアフリカのケープタウンへの金属輸送にとどまった。

六月、フリータウンからバーミューダ経由で二十六日、ニューヨークに着き、七月から機関の修理と航空輸送力の向上工事を実施する。これを終えて十一月二日、UGS2護送船団とともに米軍機と兵員を輸送してモロッコに入港、カサブランカ経由で十八日、ジブラルタルへ到着した。二十七日にMKF3船団を護衛して帰国の途についた。

リヴァプールで長期行動の修理と飛行甲板の延長工事を実施、十二月四日にこれを終えて、ウエスターン・アプローチの船団護衛に復帰した。

一九四三年二月十七日、スコットランドのクライドとスカパ・フロー水域を担当して護衛作戦を開始する。三月二十日には国王ジョージ六世乗艦の栄に浴したのち、クライドおよびベルファスト工廠で各部の点検修理をして出陣にそなえた。

五月二日、フヴァルフィヨルド沖で第四護衛群に編入され、北大西洋の護衛作戦に参加することになった。ソードフィッシュ艦攻の八一九中隊およびマートレット艦戦の八九二中隊を搭載、ON182船団およびHX239船団の護衛を担当する。

五月二十三日、同艦のソードフィッシュ機はロケット弾をもちいて独潜U752を撃沈する戦果をあげた。これはロケット弾による最初のUボート・スコアとなった。

六月はアイルランド沖で対潜訓練、七月、プリマス司令官指揮下に入り、ビスケー湾で対潜パトロールを実施したが、成果は得られず二十八日、デヴォンポート造船所で船体修理にはいり、八月三日、クライドで機関修理を実施した。

その結果、本艦は痛みがひどく護衛任務継続困難とみなされ、十一月六日に任務を解かれて繋留、一九四四年三月十六日から宿泊船となり、八月、ベルファストで航空機運搬船に改造された。四五年三月に戦時運輸省へ移管、エンパイア・ラガンと改名する。一九四六年一月八日、ノーフォークでアメリカに返還された。

◆アヴェンジャー

一九四二年三月の竣工後、試運転中に故障してニューヨークで修理を受けたため、最初の航海は四月三十日、カナダのクライドに向かうＡＴ15船団に随伴するかたちで行なわれた。入港後、クライド造船所で五月十一日から飛行甲板の延長工事にはいり、完成したのは八月七日であった。その間、七月十六日に本国艦隊に編入されている。

工事を終えて八二五中隊（ソードフィッシュ艦攻三機）、八〇二および八八三中隊（シーハリケーン艦戦各六機）の所属航空隊も着隊し、九月二日、ＥＶ作戦として北ロシアへ向かうＰＱ18船団の護衛が、本艦の初仕事となった。

同船団は商船四〇隻を戦艦、重巡、駆逐艦など多数の艦艇が直接、間接に護衛する大護衛船団であったが、空母はアヴェンジャーだけであった。これを独Ｕボートと爆撃機が襲い、目的地へ着くまでに船団はＵボートにより六隻、航空攻撃で一〇隻を失う被害を受けた。

アヴェンジャーの搭載機は敵空軍と戦い、Ｊｕ88およびＨｅ111五機を撃墜する戦果を挙げたが、シーハリケーン五機、ソードフィッシュ一機のほか、パイロット一名が犠牲となるほどの激戦であった。九月八日にはＵ589の撃沈にくわわったほか、護衛艦艇を支援してＵボート二隻を沈めている。

九月十二日にはセディスフィヨルドへ向かうＱＰ14船団を護衛して、一五隻のうち一二隻を目的地に送り届けた。

九月二十四日、スカパ・フローに帰投後、搭載機を陸揚げして十月二十二日、八〇二中隊（シーハリケーン六機）、八八三中隊（シーハリケーン六機）、八三三Ｂ中隊（ソードフィッシュ三機）を収容して、八三三Ｂ中隊をジブラルタルへ送り届けたのち、東部海軍任務部隊に編入された。

北アフリカ上陸作戦に向かうアヴェンジャー

十月二十二日、北アフリカ揚陸のトーチ作戦に参加、ＫＭＳ１船団をアルジェまで護衛した。十一月十日、アルジェで機関修理、戦闘機四機をアーガスにうつしたのち、十二日にＭＫＦ１Ｙ船団を護衛して帰途についた。
十一月十五日、ジブラルタル西方洋上でＵ１５５の雷撃を受け、爆弾庫が誘爆、本艦は大爆発を生じて五分以内に沈没した。生存者はわずか一七名であった。これは護衛空母として、オーダシティに次ぐ二隻目の損失となった。

一九四二年度末までに、英海軍は護衛空母としてオーダシティとアーチャー級四隻のほかに、国産の商船改造空母としてアクティヴィティ（後述）が同年九月に竣工し、他に三隻が建造中であった。

一方、米海軍における商船改造の護衛空母は、ロング・アイランドとチャージャーの二隻だけであったが、これらの改造経験を基にして、四二年度から新設計の護衛空母の量産計画が進められていた。

短命に終わったが、オーダシティの活躍により、船団護衛における防空、対潜の両面で役立つことを立証したので、英海軍の要請もあり、四一年末に参戦した米海軍は、護衛空母の大量建造に着手することになった。

四二年度から、C3－S－A1型貨物船をベースとしたボーグ級、これを英海軍向けとしたアタッカー級、タンカー改造のサンガモン級が計画され、四二年中に一一隻が完成している。

護衛空母による船団護衛戦は、これらの登場で大きな転機を迎えようとしていた。

◆バイター

一九四二年五月に竣工した本艦は、六月二十三日にイギリスへ回航され、本国艦隊に編入された。

一番艦アーチャー同様に英海軍向けの小改装後、八〇二中隊のシーハリケーン艦戦が配属され、着艦訓練を開始した。

九月に準備もととのってフルマー六機（八〇八中隊）、ソードフィッシュ六機（八三三中隊）を搭載し、船団護衛訓練をつづけていた。

北アフリカ進攻作戦に参加することになり、機種があらためられた。シーハリケーン２一五機（八〇〇中隊）とソードフィッシュ２三機（八三三中隊）を搭載して十月二十二日、ＫＭＦ１船団を護衛してジブラルタルをめざし南下した。

十一月八日、空母フューリアス、護衛空母ダッシャーとともにオラン進攻作戦に従事、本艦のシーハリケーン隊は艦爆隊を護衛して、仏ヴィシー政府軍のドヴォアティーヌＤ５２０戦闘機隊と交戦し、五機を撃墜したと記録されている。これが本艦の初陣であった。

帰国後、小修理をほどこし、英国西方海域部隊《ウエスターン・アプローチ》として船団護衛に従事することになり、一九四三年四月からワイルドキャット艦戦とソードフィッシュ艦攻の八一一中隊が配属され、第五護衛群の艦艇とともに対潜作戦に従事した。

四月二十二日、ハリファクス向けＯＮＳ４船団の護衛に参加、二十五日に北大西洋で駆逐

バイター

艦パスファインダーと協力してＵ２０３を撃沈することができた。

五月五日、ＨＸ２３７船団およびＳＣ１２９船団を護衛、十一日にＵ89の撃沈にも参加している。十月にはＯＮ２０７船団、十一月にはＨＸ２６５船団およびＳＣ１４６船団を護衛、Ｕボートの攻撃も受けたが、被害はなかった。

十一月十六日に雷装したソードフィッシュが着艦しそこねて舷側に墜落、装備魚雷が爆発して舵を損傷した。その修理に二ヵ月を要した。

一九四四年二月には、護衛空母トラッカー、第七、第九護衛群とともにポルトガル沖でＯＳ68、ＫＭＳ42、ＯＮＳ29各船団の護衛を実施した。この時、グライダー爆弾攻撃をくわえてきたＪｕ87爆撃機にたいし、本艦のワイルドキャット艦戦（八一一中隊）が迎撃、一機を撃墜した。船団に被害はなかった。

また、基地から飛来した空軍沿岸航空隊のボーフォート爆撃機も、本艦の指揮下に一機を撃破した。

三月、ＳＬ１５０およびＭＫＳ41船団、四月にＯＳ73船団、ＫＭＳ47船団を護衛した。四月十四日、本艦に雷撃をくわえてきたＵ４４８を、護衛していたスループのペリカンとカナダのフリゲート、スワンシーと協力して撃沈した。

六月、ジブラルタル行き船団を護衛。この月、同航路の船団護衛には本艦をふくむ八隻の護衛空母が参加し、被害は減少した。

大西洋方面の船団護衛兵力の充実により八月二十一日、本艦は護衛任務を解かれて航空機運搬任務に従事することになり、商船海軍に移管された。グリーノック在泊中の二十四日に火災が発生、一部を焼失して戦闘不能となり、同地に繋留されることになった。

おりしもフランス海軍から護衛空母貸与の希望が出されたのをきっかけに、英米海軍協議のうえ、バイターはフランス海軍への引き渡しが決定した。

本艦はクライドへ回航され、修理作業にはいった。一九四五年四月七日、整備されたバイターは、ふたたびグリーノックへ回航され、九日にフランス海軍に引き渡された。本艦は同日付でイギリスからアメリカに返還され、あらためてフランスに貸与、艦名もデイズミュードとなった。同海軍では、ベアルンに次ぐ二隻目の空母である。

この間に兵装もあらためられていた。一九四三年に一二・七ミリ機銃を撤去、二〇ミリ機銃が増備され、同年十月には二〇ミリ機銃は二一梃に達していた。

フランス海軍貸与後の要目では、兵装は一〇・二センチ砲三門、二〇ミリ機銃一九梃、搭載機は一五機であった。

デイズミュードはカサブランカ経由で一九四五年五月二十七日にツーロンに入港、戦列にくわわったが、すでに欧州の大戦は終了しており、実戦参加はなかった。本艦の最初の任務は、アフリカ方面からの帰国者と貨物の輸送であった。

しかし、一九四七年からインドシナ戦争がはじまり、本艦は航空機や弾薬などの軍事輸送に従事した。ダグラスSBD艦爆を搭載して、直接戦闘にも介入した。

フランス海軍引き渡し後の艦種名も護衛空母（Porte-avion d'escorte）であったが、一九五〇年までインドシナ戦争がつづき、一九五二年一月四日に航空機運搬艦（Transport d'aviation）に移され、兵装は撤去された。

一九六〇年六月に予備艦となり、六六年六月にアメリカへ返還され、標的として処分された。本艦は大戦中に活躍した護衛空母ではもっとも長く活動し、戦後も実戦参加をした異色の存在であった。

◆ダッシャー

一九四二年七月二日、ホボーケン工廠で英海軍に引き渡されたが、機関試動中に火災事故が発生、七月中は入渠して修理がつづけられた。これを終えて八月三十日、八三七中隊のソ

搭載機ソードフィッシュを発艦させるダッシャー

ードフィッシュ艦攻を収容、HX206船団とともにクライドに向かった。
クライド工廠で最終装備をほどこして戦闘準備をととのえると、北アフリカ上陸作戦部隊に編入され、八〇四、八九一中隊（いずれもシーハリケーン艦戦で編成）を搭載して、十月二十七日にクライドを出撃した。十一月八、九の両日、シーハリケーン隊は八二二中隊（アルバコア艦攻）を護衛してラ・セニア飛行場を攻撃し、偵察や銃撃などに三〇回の出撃をはたした。
その後、十一月中にジブラルタル向けのMKF1船団の護衛を行なった。二十日にリバプールで入渠し、修理と作戦室の防空強化を実施、本国艦隊に編入された。
一九四三年二月一日、スカパ・フローで船体、兵装を整備、八九一中隊のシーハリケーン艦戦、八一六および八三七中隊のソードフィッシュ艦攻を搭載して、十五日にJW53船団を護衛して北ロシアへ向かった。二月十七日、アイスランド沖で悪天候に遭遇して損傷、修理のためダンディーに航行の途上、のべ三〇機におよぶ敵機に襲われたが、船団の二二隻は無事に目的地に入港し得た。

帰国後の三月二十四日、修理のためクライドへ向かい、二十七日午後、クライド湾で格納庫内の搭載機に燃料補給中、大爆発を生じて午後四時四十五分、リトル・カンブラ島沖（北緯五五度四〇分、西経四度五七分）に沈没した。補給中のガソリンに引火したものといわれ、爆発後四分で沈み、生存者は一四九名（定員五五五名）という大惨事となった。

事故調査委員会は、原因は燃料庫のバルブから漏れたガスに引火爆発したものと認め、英国内ではこうした事故はなく、建造した米海軍の航空燃料庫にたいする安全基準の不備によるものと主張した。

これにたいし米海軍は、構造的な問題ではなく、原因は英海軍兵員の不慣れから生じた取り扱いの悪さにあると反論し、双方の応酬は米艦隊司令長官キング大将の血圧を高めたという。

護衛空母の航空艤装は、一般的に米海軍の方が充実し、居住設備も優れていたといわれるが、復原性能、軽質油管系統、消火設備などは英海軍と考えを異にするものがあったようだ。英海軍は前年後期にアヴェンジャー、今回のダッシャーと、護衛空母が被雷または事故発生後、いずれも数分で沈没したことを重く受けとめ、固定バラストの搭載や燃料系統の改正などの対策を実施した。

その他にも、米国製の護衛空母には、英海軍の方針や慣習に合致しないものがあり、引き渡しを受けてから五～九週間の訓練期間のほかに、改正工事に一五～二〇週間が費やされたといわれる。

なお、大戦中に事故喪失した空母はダッシャーだけであった。

◆トラッカー

本艦はアタッカー級に属し、前述のアーチャー級とは系統を異にしており、その説明には、原型ともいえる米海軍のボーグ級からはじめる必要があり、両級の解説にかなりのスペースを要する。ここではBAVGの一隻としてトラッカーの解説を行ない、アタッカー級については後述することでご了解いただきたい。

トラッカーはC3型貨物船モアマックメイルとして、一九四一年十一月三日にシアトルのシアトル・タコマ造船所で起工された。建造中に英海軍貸与の護衛空母への改造が決定し、設計変更のうえ翌年三月七日に進水し、一九四三年一月三十一日に竣工、護衛空母トラッカー（BAVG6）として英海軍に貸与された。

竣工時の要目は次のとおり。

基準排水量一万二〇〇〇トン、全長一四九・九メートル、幅二一・二メートル、吃水七・二メートル、飛行甲板長さ一三四・七メートル、幅二四・四メートル。

主機アリス・チャルマーズ・ギヤード・タービン一基／一軸、フォスター・ウィーラーD型缶二基、出力八五〇〇馬力、速力一八・五ノット、燃料搭載量三一六〇トン、航続力一一ノット／二万七三〇〇海里。

兵装一二・七センチ単装高角砲二基、四〇ミリ連装機銃四基、二〇ミリ連装機銃八基、同単装機銃一〇基、搭載機二〇機、カタパルト一基。乗員六四六名。

トラッカーの艦橋構造物

一九四三年四月、ニューヨークに回航された本艦は米軍機を搭載、UGF8船団とともに大西洋を渡り五月十日、カサブランカに入港した。三十日、ジブラルタルからMKF15船団に随行して六月四日、ベルファストに入港、英海軍基準への改装工事を受けた。
八月十五日、クライドで八一六中隊（ソードフィッシュ艦攻、シーファイア艦戦）が配属され、ウエスターン・アプローチの護衛部隊に編入された。本艦はクライド部隊の空母搭載機発着訓練に従事することになり、九月二日に前任のアーガス（要修理）から七六八中隊の訓練機を引き継いだ。
しかし、九月二十三日に船団護衛の必要が生じ、先の八一六中隊を復帰させて、第四護衛群とともに

ON２０３船団の護衛を実施した。九月三十日にはON２０３船団およびHX２５８船団を護衛、十月五日にクライドに復帰した。

北大西洋におけるUボートの活動による船団の犠牲は大きく、訓練任務を一時休止して、船団護衛に参加する必要に迫られていたのである。

十月十九日、本艦はスループ六隻とともにON２０７船団を護衛して出航、途上、近航するHK２６２船団、さらにON２０９船団やHX２６３船団も支援するという大活躍をした。基地航空隊の飛来もあり、全船無事に目的地に到達できた。

十一月五日、HX２６４船団の護衛を開始、六日、北大西洋でトラッカーの哨戒機がUボートを発見、護衛のスループ二隻がこれを攻撃し、U２２６とU８４２を撃沈する戦果をあげた。

翌八日も本艦のソードフィッシュ艦攻（八一六中隊）は海上哨戒をつづけたが、変わりはなかった。九日早朝、Uボートの雷撃を受けるも命中せず、護衛のスループも敵を探知できずに終わった。

その後、強風にみまわれ、十一日にはニューファンドランド沖で濃霧に出会って難航したが、十二日、目的地アージェンティアに到着して、本艦は機関の応急修理を受けた。二十三日、米ノーフォーク工廠に回航され、正式な修理が施行された。これを終えてノーフォークを離れたのは、十二月五日であった。

十二月十五日、HX270船団の護衛を実施、二十八日には所属の八一六中隊が陸揚げされ、一九四四年一月五日に八四六中隊が配属された。

これは、グラマン社のワイルドキャット艦戦七機とアヴェンジャー艦攻一二機で編成された新しい強力な部隊で、とくにアヴェンジャーは性能、攻撃力ともに前任のソードフィッシュを完全に上回っていた。新鋭機をそろえた結果、本艦は大きな戦果をあげることになった。

一月十五日にクライドで修理を終えた本艦は二月三日、OS68船団、KMS42船団、ONS29船団、三月二日にSL150船団、MKS41船団のコンボイを空母バイターとつとめて、十二日にクライドへ帰投、機関を修理した。

二十五日、スカパ・フローに向かう。本国艦隊の北ロシア支援作戦に参加するためで、二十七日、二八隻からなるJW58船団を空母アクティヴィティと護衛して北上した。

三十一日、トラッカー機は敵潜を探知、駆逐艦ビーグルと協力してU355を撃沈した。四月一日、トラッカーのアヴェンジャー一機が着艦に失敗、パイロット殉職の悲劇もあったが、三日に本艦のアヴェンジャーがアクティヴィティのソードフィッシュと協力してU288を撃沈した。そのさい、敵の対空砲火でソードフィッシュ一機が撃墜された。

コラからの帰途も、敵機とUボート群との戦いはつづき、三隻に損傷をあたえたほか、艦戦隊は敵機六機を撃墜する戦果をあげて四月七日、本国へ帰還した。

四月十五日、搭載機の甲板衝突で生じた損傷によりベルファストで修理、五月七日、スカパ・フロー入港。六月三日、ノルマンディ上陸作戦の一環であるネプチューン作戦として、イギリス海峡封鎖に参加する。

十日、駆逐艦テムと衝突し、八四六中隊を陸揚げして十九日、修理のためリヴァプールに帰港した。九月二十日、八五三中隊（アヴェンジャー、ワイルドキャット）を収容、十月十五日、スカパ・フローに入港した。三十一日、RA61船団の護衛実施。

十一月十日、航空機輸送のため、米海軍に貸与されてニューヨークに入港、一月、サンディエゴからロング・ビーチまで太平洋艦隊所属機を輸送する。以後、一九四五年七月二十二日まで米大陸沿岸基地への航空機輸送に従事し、帰国してクライドへ入港したのは八月九日であった。

その後、予備艦入りとなり、十一月二十九日にノーフォークにて米国へ返還、改装されて商船コリエンテスとなり、一九六四年九月二十四日にアントワープで解体された。

第5章　英国製護衛空母

英海軍は最初の護衛空母オーダシティを建造後、アーチャー級以下の米国製護衛空母を導入して、その建造技術を学ぶと、自国でも商船を改造して護衛空母の建造に着手した。その第一艦となったのがアクティヴィティであった。

◆アクティヴィティ

一九四〇年二月一日、スコットランドのダンディーのカレドン造船所で冷蔵貨物船として起工されたテレマッカスは、一九四二年一月に護衛空母への改造が決定し、海軍に移管された。五月三十日進水、アクティヴィティと命名される。

九月二十九日、ダンディーでの工事を終え、ロシスで追加工事をほどこして、十月十四日に竣工した。新造時の要目は次のとおり。

基準排水量一万一八〇〇トン、全長一五六・一メートル、幅二〇・二メートル、吃水七・七メートル。飛行甲板長さ一五一・八メートル、幅二〇・一メートル。

主機バーマイスター&ウエイン・ディーゼル二基／二軸、出力一万二〇〇〇馬力、速力一八ノット、燃料搭載量二〇一五トン、航続力一六ノット／一万五〇〇〇海里。

兵装一〇・二センチ連装高角砲一基、二〇ミリ連装機銃一〇基、同単装機銃四基、搭載機一五機。乗員三七五名。

格納庫は長さ二六・五メートル、幅一八メートルとアーチャー級よりかなり狭く、収容能力は六機である。搭載航空燃料は二万ガロン、エレベーターは後方に一基（一二・八×六・一メートル）のみで、カタパルトの装備はない。それでも国産護衛空母としては、オーダシティよりレベルアップしていた。

着艦制動索は五条、衝突防止柵は一基、電子兵装として対空用79Mおよび対水上用272レーダー、対潜用132型アスディックを装備した。ハル・ナンバーはD94。

一九四三年一月からウエスターン・アプローチ部隊の空母パイロット養成の練習空母とされ、クライドの近海で発着艦訓練に従事した。

一九四三年十月四日、リヴァプールで修理され、護衛空母として整備されたが、作戦に参加することなく、一九四四年一月ふたたびクライドで訓練任務につくことになり、八一九中隊（ワイルドキャット艦戦、ソードフィッシュ艦攻）が配属された。

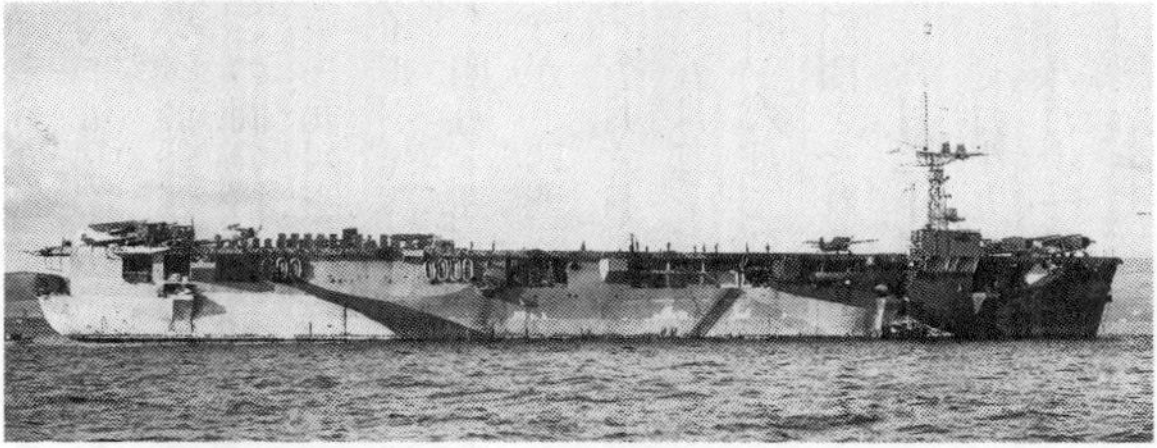

アクティヴィティ

これは他の護衛空母とくらべ航空機搭載能力が劣るため、部隊から忌避されたようである。この頃はウエスターン・アプローチの護衛空母兵力もかなり充実してきたことがうかがえる。

また、本艦の船体が鋲接構造で、溶接構造の米国製空母とくらべると、氷点下の海域では亀裂を生じやすいのも嫌われたとされる。

しかし、北ロシア航路のコンボイが開始されて護衛空母が不足気味となり、本艦も船団護衛に駆りだされる日がやってきた。

一九四四年一月二十九日、北大西洋航路のＯＳ66およびＫＭ40船団の護衛にはじめて参加した。二月二日からＯＮ２２２／ＮＳ28船団、二月七日からＳＬ１４７／ＭＫＳ38船団の護衛に従事、二月十一日からＨＸ２７７船団の護衛――と連続して実施している。

いずれも直接、その船団に随伴するのではなく、担当する水域を通行する船団にたいして、間接的に護衛を実施するものであった。

これらの中には、Ｕボートと激しい戦闘をおこなった船団もあったが、本艦の戦闘は伝えられていない。

二月二十四日にはＫＭＳ43／ＯＳ59船団の護衛をおこない、三月六日にジブラルタルに帰投した。

三月九日、ＭＫＦ29船団を護衛してクライドに向かう。二十七日、ＦＹ作戦に参加する。八一九中隊を搭載してＪＷ58船団を護衛し、スカパ・フローを出撃して北ロシア航路へ向かい、商船四八隻を無事に送り届けた。帰路、ＲＡ58船団を護衛、四月七日英本土へ帰還する。この間の搭載機の飛行時間は六七時間に達した。

一九四四年三月から四月にかけての八一九中隊の編成は、ソードフィッシュ艦攻三機、ワイルドキャット艦戦七機であった。この後、同編成の八三三中隊にあらためられた。

四月十九日、ＦＺ作戦に参加。ＦＷ59船団の四五隻を護衛して北ロシアへ、途上一隻を失うが、四四隻は無事に到達した。護衛飛行は三六時間。

五月六日、クライドで船体修理。

五月二十三日、ＯＳ78船団およびＫＭＳ52船団、二十八日にＳＬ１５８船団とＭＫＳ49船団、六月二日にＯＳ78船団とＫＭＳ52船団（再度）、六月三日にＳＬ１５９船団とＭＫＳ50船団をそれぞれ護衛し、六月十日にクライド帰着。

六月二十日、ＳＬ１６２船団とＭＫ53船団を護衛、七月十一日にクライド着。

七月十九日、ＫＭＦ33船団とジブラルタルへ、八月四日、ＭＫＦ33船団とクライド着。

八月十一日にＯＳ86船団とＫＭＳ61船団、八月二十一日にＳＬ１６７船団とＭＫＳ58船団の護衛を実施、これが最後の船団護衛となった。

八月二十七日、クライドで輸送空母に改修され、極東方面への航空機補充輸送を開始。

十月二十三日、アヴェンジャー艦攻二一機を搭載してセイロン島トリンコマリ入港、帰路はMKF36船団とジブラルタルへ。

十二月五日、クライドで修理をうけ二十一日、ポーツマス工廠に入渠。

一九四五年一月、航空機を輸送してベルファストへ、二十八日には東インド艦隊の輸送空母に編入され、機体を搭載してKM39船団とともにクライドを出港、二月二十日、コロンボ入港。

二十一日、英太平洋艦隊に一時移管され、オーストラリアへの航空機輸送を実施する。三月二十四日、シドニーからコロンボへ。東インド艦隊に復帰し、コロンボ、コーチン間の航空機輸送に従事。

終戦となり九月一日、バラクーダ艦攻一二機を搭載してコロンボを離れ、シンガポール、トリンコマリ経由で二十二日に英本国に。これが最後の活動となった。十月二十日クライド入港、以後、予備艦として繋留された。

一九四六年四月二十五日に売却され、商船に改造、ブレコンシャーと改名した。一九六七年四月、日本の広島県三原で解体。

◆ナイラナ

本艦とヴィンデックスは、戦時輸送省が発注した軍事輸送船を、建造の初期段階で海軍が購入して護衛空母に改造したもので、アクティヴィティに次ぐ英国産CVEである。

建造初期段階で設計変更され、改造内容はアクティヴィティより大規模になり、空母機能は向上した。舷側外板は飛行甲板まで延長され、格納庫は閉囲式となり、飛行甲板と格納庫甲板が強度甲板となった。

格納庫は拡大されて収容力を増し、北極海のような厳しい気象条件下では、その構造がきわめて有効であったといわれる。したがって両舷通路は、その下の主甲板に設けられた。船体の前後には防水隔壁が設けられている。

ナイラナは一九四一年十一月六日、クライドバンクのジョン・ブラウン造船所で五七七番船として起工され、一九四二年に英海軍が買収してJ1577の海軍ジョブナンバーが与えられた。

一九四三年五月二十日進水、十一月二十六日に造船所の工事を完了してナイラナと命名され、十二月十二日に英海軍軍艦として就役した。ハル・ナンバーはD05。新造時の要目は次のとおり。

基準排水量一万三八二五トン、全長一五九・七メートル、幅二〇・七メートル、吃水七・八メートル。飛行甲板全長一五三・〇メートル、幅二〇・一メートル。

主機ドックスフォード・ディーゼル二基／二軸、出力一万七〇〇〇馬力、速力一七ノット、燃料搭載量一六五五トン、航続距離一六ノット／一万三〇〇〇海里。

ナイラナ

兵装一〇・二センチ連装高角砲一基、二ポンド四連装機銃（ポンポン砲）四基、二〇ミリ連装機銃八基、搭載機二〇機。乗員五五四名。

格納庫長さ七〇・四メートル、幅一八・六メートル、搭載航空燃料五万二〇〇〇ガロン。エレベーターは後方に一基（一三・七×一〇・四メートル）、カタパルトなし。

船体はスプリンター（弾片）防御程度だが、弾薬庫や爆弾庫には一インチの防御がほどこされたほか、雷撃浸水時にそなえ、浮力保持のため船底空所に空ドラム缶を充填していた。

電子兵装として281H、277、293各型レーダーのほか、132V型アスディックを装備するなど、この面でもアクティヴィティよりかなり充実している。

竣工後、十二月十七日にクライドへ回航されたナイラナは、一九四四年一月二十五日に八三五中

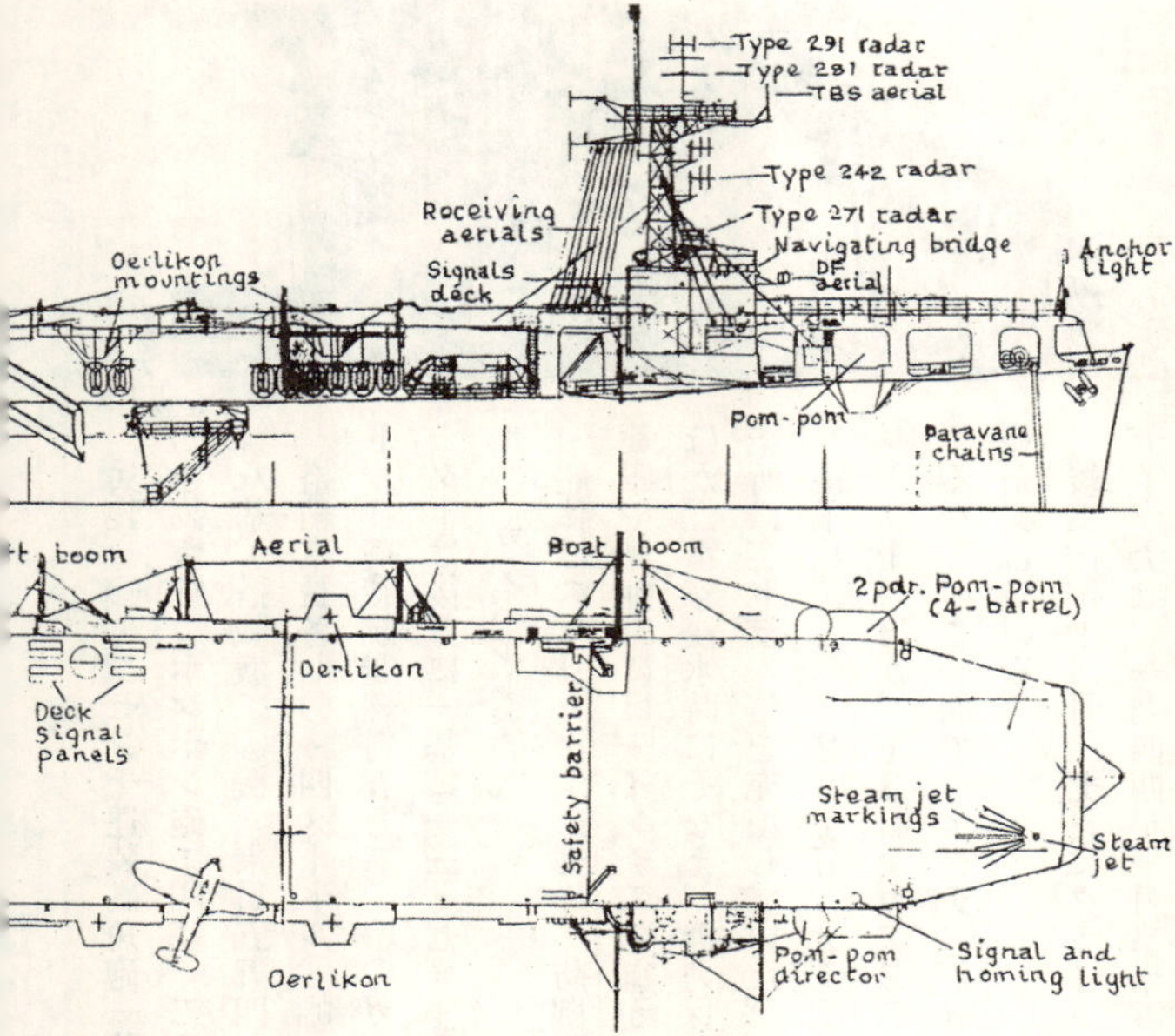
Type 291 radar
Type 281 radar
TBS aerial
Type 242 radar
Receiving aerials
Type 271 radar
Navigating bridge
Anchor light
Oerlikon mountings
Signals deck
DF aerial
Pom-pom
Paravane chains
t boom
Aerial
Boat boom
2 pdr. Pom-pom (4-barrel)
Oerlikon
Deck signal panels
Safety barrier
Steam jet markings
Steam jet
Pom-pom director
Signal and homing light
Oerlikon

ナイラナ

建造したジョン・ブラウン造船所の原図にもとづいて作成された艦型図。英語で各部名称が表記されている。

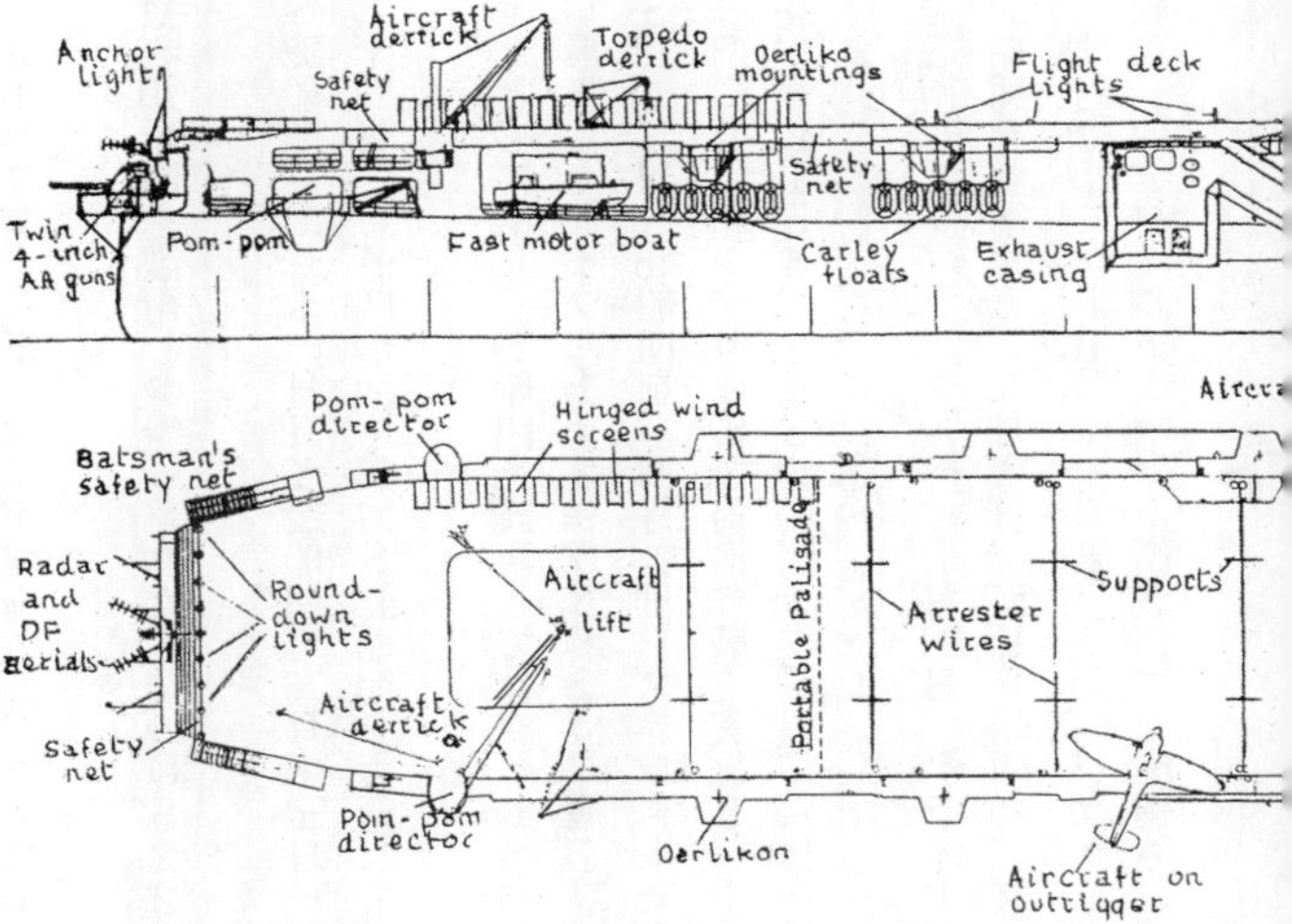

隊（ソードフィッシュ艦攻九、シーハリケーン艦戦六）が配備され、ウエスターン・アプローチ部隊の指揮下にはいった。

一月二十九日、ＯＳ66／ＫＭＳ70船団を護衛しつつ、離れた水域のＯＳ２２２／ＯＮＳ28船団をも支援した。

二月七日ＳＬ１４７／ＭＫＳ38船団、二月十一日ＨＸ22船団、二月十三日ＣＵ13船団を護衛してクライド水域へ。二月二十四日、ＯＳ69船団／ＫＭＳ43船団を護衛して三月六日、ジブラルタル入港。

三月九日、アクティヴィティとともにＭＫＦ29船団を護衛してクライドへ向かう。途上、本艦のシーハリケーン艦戦は、飛来したドイツのＪｕ２９０Ｂ爆撃機二機を撃墜した。

三月二十四日クライド発ＯＳ72／ＫＭＳ46船団を、四月十日ジブラルタル発ＳＬ１５４／ＭＫＳ45船団を支援。五月十三日、ロンドンデリー沖で対潜作戦を実施し、十六日、第一五護衛群とＳＬ１５７、ＭＫＳ48、ＳＬ１５８、ＭＫＳ49船団を支援して六月三日、クライド帰港。

六月十二日、ＫＭＦ32船団を護衛してジブラルタルへ。七月四日、クライドでドック入り修理。八月二十四日、ＫＭＦ34船団を護衛する。九月十日、ＭＫＦ船団とジブラルタル出港、九月十四日クライドで修理。十月十五日、本国艦隊に一時編入され、スカパ・フローへ。八三五中隊（ソードフィッシュ艦攻一四、ワイルドキャット艦戦六）が配備され、搭載機数は最大の二〇機に達した。

十月二十一日、北ロシア航路の大規模輸送トライアル作戦実施、商船二九隻のＪＷ61船団の護衛に英ソ両海軍が協力する。護衛空母ではナイラナ、ヴィンデックス、トラッカーの三隻が参加した。

本艦が本国艦隊に編入されて搭載機を増強したのも、本作戦参加が主目的であった。十月三十一日にコラを離れ、帰路はＲＡ61船団を護衛した。十一月九日、クライド帰港。

十一月三十日、アキュメン作戦を実施。ムルマンスクへ向かう北極海航路のＪＷ62船団（三〇隻）の護衛支援に、本艦とカンパニア、フリゲート一〇隻で参加した。空母二隻から発進したワイルドキャット艦戦はＢｖ138飛行艇一機、Ｊｕ88爆撃機二機を撃墜したが、この戦闘で本艦のワイルドキャット艦戦一機を喪失した。

十二月四日コラ出港、帰路はＲＡ62船団を護衛した。本作戦中のナイラナ搭載機の延べ飛行時間は一六二時間に達し、ほとんどが夜間飛行であった。帰国後の十二月二十日からクライドで船体修理。

一九四五年一月二十八日、ウインデッド作戦において護衛空母プレミアーとヴァーグソー付近の敵船舶をソードフィッシュ艦攻により夜間攻撃。

一月三十日、ノルウェーのスタットランレットへの航空攻撃支援のためカンパニア、重巡バーウィックなどとスカパ・フロー出港。

二月三日、ホットベッド作戦に従事、カンパニア、軽巡ベロナ、駆逐艦以下一六隻と北ロシア航路のＪＷ64船団護衛のためスカパ・フロー出撃。帰路はＲＡ64船団を護衛し、二月二十七日に帰港する。

途上、ドイツ機、Ｕボートの攻撃をうけるも、船団の損失は一隻のみ。この間、八三五中隊の延べ飛行時間は一四八時間におよび、そのうち四六時間は夜間飛行であった。

三月二十六日、プリフィックス作戦に護衛空母パンチャーと参加。主目標はトロンヘイムの船舶などで、ワイルドキャット艦戦のコース誘導にファイアフライ艦戦一機が参加したが、悪天候で視界が悪く、攻撃は失敗に終わった。二十九日、スカパ・フロー帰港。

三月二十九日、ベルファストで修理。八月、防波堤衝突で再入渠。十月、修理を終える。所属航空隊はなく、アイリッシュ海で発着艦訓練に従事。

一九四六年一月二十三日、クライドにて船体整備を実施。三月二十三日、オランダ海軍に貸与されカレル・ドールマンと改名、オランダ海軍最初の空母となる。

一九四八年五月二十八日、デヴォンポートにて英海軍へ返還。売却され、改造されてポート・ヴィクターと改名。

一九七一年七月二十一日、ファスレーンで解体。

本艦とヴィンデックス、次のカンパニアも準姉妹艦で、艦名はいずれも第一次大戦時の連絡船改造水上機母艦の艦名を受け継いでいる。

オーダシティ、アクティヴィティや米国建造のアーチャー級などの運用経験を経て生まれた本級は、英海軍の標準的な護衛空母であり、その活動も多彩なものとなった。とくに閉鎖式の格納庫もあって、北ロシア航路での活躍がめだつ。カタパルトをもたない護衛空母としては、精一杯の働きといえよう。

戦時中、本艦はソードフィッシュ艦攻を常時搭載していたが、戦後の発着艦訓練時には十一月にバラクーダ艦攻（八六〇中隊）、十二月にはファイアフライ艦戦（八一六中隊）が配備されていた。

◆ヴィンデックス

本艦はナイラナの同型艦で一九四二年七月一日、ウォルセンド・オン・タインのスワン・ハンター&ウイガム・リチャードソン造船所で起工された。ナイラナと同じく、前身は戦時輸送省の軍事輸送船である。

本艦は着工前の六月二十九日に海軍に買収され、初期段階で護衛空母に改造されたナイラナよりもスムーズに工事が進められ、進水は一九四三年五月四日とナイラナより一六日も早く、同年十二月三日に竣工した。したがって、あとからの着工ながら、この二隻はヴィンデックス級と呼称されている。ハル・ナンバーはR15。

基準排水量一万三四四五トン、満載排水量一万六八三〇トン、全長一五九・七メートル、幅二〇・七メートル、吃水七・七メートル、飛行甲板全長一五三・〇メートル、幅二〇・一メートル。

主機ドックスフォード・ディーゼル二基／二軸、出力一万七〇〇馬力、速力一七ノット、燃料搭載量一六五五トン、航続距離一六ノット／一万三〇〇〇海里。

兵装一〇・二センチ連装高角砲一基、二ポンド四連装機銃（ポンポン砲）四基、二〇ミリ連装機銃八基、搭載機二〇機。乗員六三九名。

格納庫長さ七〇・四メートル、幅一八・六メートル、搭載航空燃料五万二〇〇〇ガロン、エレベーター後方一基（一三・七×一〇・四メートル）、カタパルトなし。

防御は弾薬庫一インチ、爆弾庫スプリンター防御、被雷時の不沈対策として船底に空ドラム缶多数を搭載した。

着艦制動索は六基、七トン／六〇ノットの機体拘束力があり、バリヤー一基も装備した。これらは僚艦ナイラナとほぼ同じである。

アクティヴィティと比較して、搭載機数は数機増えたにすぎないが、ガソリン搭載量は二・六倍に増え、搭載機の行動力が増大した。

一九四三年十二月十一日、本艦はウエスターン・アプローチ部隊に編入され、クライドへ回航、八二五中隊（ソードフィッシュ艦攻一二、シーハリケーン艦戦六＋予備二）が配備された。

訓練中の一九四四年一月に衝突事故を生じ、クライド工廠で修理をほどこしたため、第二支援群で対潜作戦に参加したのは三月十一日であった。そして三月十五日、北大西洋で本艦のソードフィッシュ艦攻は、スループのスターリング、ワイルド・グースと協力してU653を撃沈する戦果を挙げている。

しかし、三月二十四日に帰投したソードフィッシュが着艦のさいに飛行甲板に激突、搭載していた爆雷が破裂して火災となり、二十八日の帰港後、クライドで修理をうけることになった。これを終えて四月二十六日に第六護衛群の対潜部隊に編入され、船団護衛を再開した。五月六日、北大西洋で本艦のソードフィッシュがUボートを発見し、護衛駆逐艦と協力、長時間にわたりこれを追跡して爆雷攻撃をくわえ、U765を仕留めることができた。

五月十五日クライドに帰投、改修工事を終えて六月六日、ウエスターン・アプローチの対潜部隊に復帰した。八月十一日、本国艦隊へ一時編入され、スカパ・フローに入港。十六日、ヴィクチュアル作戦に従事し、護衛空母ストライカーとともに北ロシア航路のJW59船団を護衛した。

本船団は三三隻で編成され、護衛空母二隻のほかに巡洋艦ジャマイカ、駆逐艦七隻、護衛艦一一隻が参加した。ソ連側から戦艦アルハンゲルスクと駆逐艦八隻が迎えに出る大作戦であった。

本艦がこれにくわえられたのも、Uボートニ隻撃沈の実績を評価されての起用であったようだ。この水域にはUボート五隻のグループが配置され、他水域からさらに四隻も参入、激戦が展開された。

八月二十二日午後、ヴィンデックスのソードフィッシュ艦攻はロケット弾でU354を撃沈した。同潜水艦はその日にドイツ戦艦ティルピッツ狩りに参加していた護衛空母ナボブを大破させ、護衛駆逐艦ビッカートンを撃沈しており、その仇を本艦が討つことになった。

ヴィンデックス

本作戦におけるJW59船団の喪失は一隻もなく、護衛部隊のスループ一隻を失っただけであった。そのうえ、Uボート・スコアを一つ増やしたのだから、本艦は本国艦隊の期待にこたえる成果をあげたといえよう。

八月二十八日、コラ湾から本国へ向かうRA59A船団を護衛し、一隻も失うことなく九月七日に帰国した。本作戦従事中のヴィンデックス航空隊の延べ飛行時間は五二九時間に達したという。

クライドで長期航海の修理中、客船クイーン・メリーと衝突して損傷し、さらに修理をつづけることになる。スカパ・フローに復帰したのは十月十五日であった。

十月二十一日、北ロシア航路のＪＷ61船団を護衛するトライアル作戦に従事することになり、八一一中隊（ソードフィッシュ艦攻一二、ワイルドキャット艦戦四）が着任した。護衛隊にはナイラナ、トラッカーと護衛空母三隻が参加、二九隻を護衛して二十八日、コラへ。帰路、ＲＡ61船団三三隻を護衛して十一月九日、本国へ帰着。いずれも一隻の犠牲も出さなかったが、本作戦中、悪天候下を航空隊は七六時間も飛行をつづけ、うち四二時間は夜間の警戒であった。

十二月三十一日、グレイストーク作戦に参加、ＪＷ63船団（三三隻）を護衛して、ふたたびコラへ向かう。航空隊は八二五中隊（ソードフィッシュ艦攻一二、ワイルドキャット艦戦七）にあらためられた。

一九四五年一月八日にコラ着、一月十一日、ＲＡ63船団（三〇隻）を護衛して本国へ。今回も悪天候にみまわれるなか、飛行時間は一一〇時間（うち夜間飛行七〇時間）におよんだが、敵との接触はなかった。一月二十一日、スカパ・フロー帰港。二十三日、クライドで荒天下の損傷修理にはいった。

四月十七日、ラウンデル作戦に参加、ＪＷ66船団（二二隻）を護衛してコラへ向かう。航

ポート・ヴィンデックス

空隊は八一三中隊（ソードフィッシュ艦攻八、ワイルドキャット艦戦八）にあらためられた。今回は護衛空母プレミアーも参加した。

二十九日コラ着。同日、RA66船団（二四隻）を護衛して本国へ。今回も航空隊の飛行時間は一五〇時間に達したが、船団の被害は皆無であった。

帰国後、五月十七日からクライドで修理と輸送空母への改装工事を実施。所属飛行隊をおろし、長期にわたった船団護衛任務を解かれることになった。

七月一日、英太平洋艦隊第三〇空母部隊の所属となり、輸送任務に専従することになった。同日、一七九〇中隊のファイアフライ夜間戦闘機一二機を搭載してスエズ、コロンボ経由で太平洋方面への輸送を開始した。

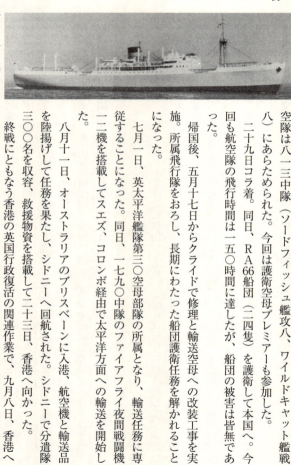

八月十一日、オーストラリアのブリスベーンに入港、航空機と輸送品を陸揚げして任務を果たし、シドニーへ回航された。シドニーで分遣隊三〇〇名を収容、救援物資を搭載して二十三日、香港へ向かった。

終戦にともなう香港の英国行政復活の関連作業で、九月八日、香港へ入港した、九月十四日、香港でオーストラリア出身の捕虜と民間人三〇

○名を収容し、十八日出港、十月三日シドニーに入港した。
以後、年内はオーストラリア、香港、日本の岩国間で人員や貨物の輸送任務に従事した。その間、十一月に香港でジャンクと衝突、翌年二月にシドニーで修理。その後、英太平洋艦隊司令部の輸送任務に従事、シドニー、コロンボ間を往来したほか、戦時貸与機の海上処分にも協力した。

一九四七年九月二十三日、英本国へ戻り、ロシスで艦艇艤装を解く。十月二日、ポート・ライン社が購入して高速貨物船に改造、ポート・ヴィンデックスと改名した。一九七一年八月、台湾で解体。

◆カンパニア

戦時中、英海軍が建造した最後の国産護衛空母である。建造中の貨物船を、もっとも初期の段階から改造に着手したので、装備艤装面で多くの改良がほどこされ、戦後も長く使用された。

基本的な改装要領は、先のヴィンデックス級と同様であるが、排水量と船体サイズがいくぶん大きく、閉囲式の格納庫もいちばん広いので、より多くの搭載機を収容できた。

完成が遅れたので、他の護衛空母にはない飛行甲板照明装置や戦闘情報処理システムが装備され、着艦制動装置や格納庫の換気装置なども高能力のものが採用されていた。

一九四一年八月十二日、ハーランド&ウォルフ社ベルファスト造船所で貨物船として起工されたが、一九四二年七月二十九日に英海軍に徴用されて護衛空母への改造が決定、八月一日、改造工事開始。一九四三年六月十七日に進水、一九四四年三月七日に竣工した。ハル・ナンバーはR48。新造時の要目はつぎのとおり。

基準排水量一万二四五〇トン、満載排水量一万五九七〇トン、全長一六四・六メートル、幅二一・三メートル、吃水七・二メートル。飛行甲板全長一五七・〇メートル、幅二一・三メートル。

主機バーマイスター&ウエイン・ディーゼル二基二軸、出力一万三二五〇馬力、速力一八ノット、燃料搭載量二二二九トン、航続距離一七ノット／一万七〇〇〇海里。

兵装一〇・二センチ連装高角砲一基、四〇ミリ四連装機銃（ポンポン砲）四基、二〇ミリ連装機銃八基、搭載機二〇機。乗員六三九名。

格納庫長さ六〇・三メートル、幅一九・二メートル、搭載航空燃料五万二〇〇〇ガロン、エレベーター（一三・七×一〇・三メートル）一基、カタパルトなし。着艦制動装置は七トン、六〇ノットの機体を制止する能力があり、四索もうけられていた。バリアー一基。

船体防御はヴィンデックス級と同様である。

カンパニアがウエスターン・アプローチ部隊に編入されたのは一九四四年六月三日で、最初の飛行隊として八一三中隊（ソードフィッシュ艦攻一二、ワイルドキャット艦戦四、フル

カンパニア

マー艦戦(三)が配備された。フルマーは夜戦にも使用可能であった。

本艦の任務は、担当水域を航行する船団の護衛であった。六月三日からOS79、KMS53、SL160、MKS51諸船団を上空から哨戒し、七月二日からOS82、KM56、SL163、MKS54船団、八月三日からOS85、KMS59、SL166、MKS57船団への対潜護衛を実施した。

九月十四日に本国艦隊付属となり、スカパ・フローに配備された。十六日、リグマロウル作戦に従事、北ロシア航路のJW60船団の護衛をしてコラへ赴いた。二十八日からRA60船団を護衛し本国へ向かった。

帰路、Uボート群の襲撃をうけて船団は二隻を失ったが、三十日、カンパニアのソードフィッシュ艦攻はU921を撃沈し、初戦果とした。十月二十一日、スカパ・フローに帰投。

十月二十三日、護衛空母フェンサー、トランペッタ

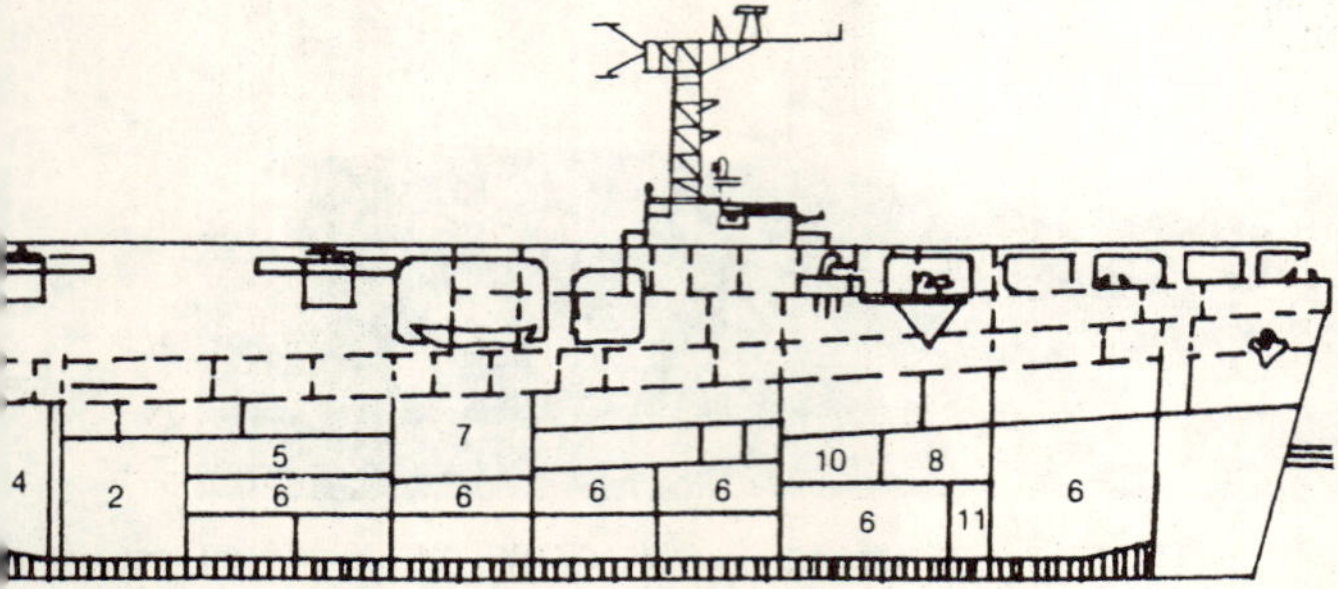

ーとともにノルウェーのトロンヘイムに機雷を敷設するハーディ作戦に参加。二十七日、スカパ・フロー帰港。

十一月一日、ゴールデン作戦でＪＷ61Ａ船団を護衛し、北ロシア航路へ。これは捕虜になっていたロシア兵一万一〇〇〇人を客船二隻に収容して、本国へ送還するのを護衛する任務であった。途上、飛来したドイツのＢｖ１３８飛行艇一機を撃墜した。六日にコラ着、十日、ＲＡ61Ａ船団として帰途につき、途中悪天候にみまわれ一部損傷、十六日クライドに帰港、修理をうける。

十一月三十日、アキューメン作戦でＪＷ62船団を護衛して北ロシアへ。十二月七日コラ着、十二日にＲＡ62船団を護衛して帰途につく。十三日、本艦のソードフィッシュ艦攻はＵ３６５を撃沈し、二隻目のスコアを記録した。十九日に帰国し、翌年一月二日、クライドで修理実施。

カンパニア艦内配置

1 内燃機関室
2 航空燃料庫
3 高角砲弾薬庫
4 燃料庫
5 冷凍庫
6 浮力ドラム缶庫
7 発電機室
8 ポンポン砲弾薬庫
9 病室
10 機銃弾薬庫
11 ソナー室
12 軸路
13 飛行機エレベーター

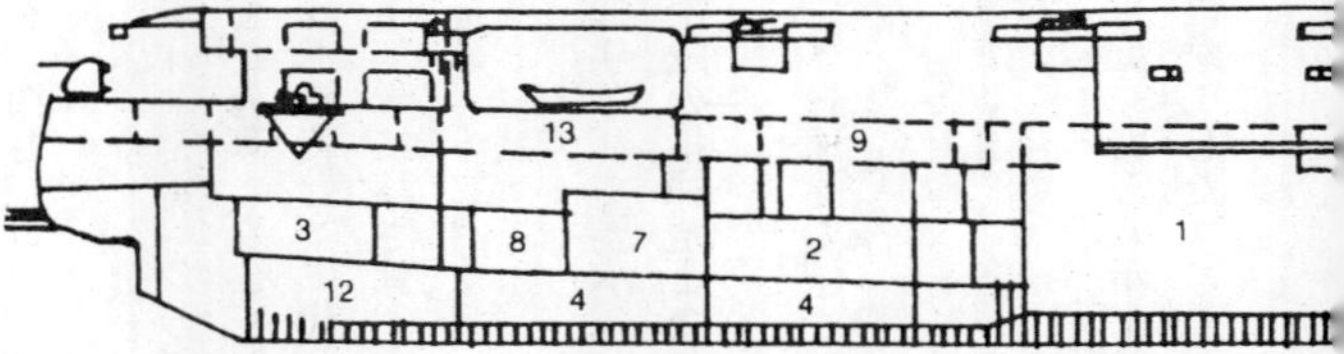

一九四五年一月二十八日、ウィンデッド作戦でノルウェー、ヴァーグソーのドイツ船舶をナイラナ、プレミアーと夜間攻撃した。

航空隊は一九四四年十月から八一一中隊（ソードフィッシュ艦攻一二、ワイルドキャット艦戦三、フルマー艦戦二）にあらためられており、ソードフィッシュ六機は二五ポンド・ロケット弾八発を投下し、漁船三隻を撃沈した。ワイルドキャット四機も攻撃に参加した。

二月三日、ホットベッド作戦でＪＷ64船団護衛、Ｕボートにより一隻を失うが、十三日にコラ着。十七日、ＲＡ64船団を護衛して本国へ。帰路もＵボートに襲われ二隻撃沈される。二十八日帰着。航海中、護衛飛行時間は七五時間に達し、うち一七時間は夜間飛行であった。三月一日、クライドで修理。

三月二十三日、スコティッシュ作戦でスカパ・

フローよりJW65船団を護衛してコラへ。帰路、RA65船団護衛。飛行八七時間、うち夜間一九時間。

三十一日、カークウォール帰港。クライドで修理し、六月五日の出渠時にドックに衝突損傷、ロンドンに回航して再修理。なお三月以降、航空隊は八二五中隊（ソードフィッシュ艦攻一二、ワイルドキャット艦戦七）に代わったが、四月に全機陸揚げし、以後搭載せず。

八月十一日、ノア輸送部隊に移され、九月以降はトリニダッド、クライド間の輸送（航空機をふくまず）任務に従事。十二月十日、デヴォンポートで艤装を解き、三十日、ロシスで予備艦となる。

一九五〇年に民間に貸与されて展示艦となり、英国祭では満艦飾をほどこして展示された。

一九五二年に原爆実験部隊の指揮艦となり、同年十月、オーストラリアのモンテ・ベロ島の原爆実験に参加した。

一九五三年、チャタムで予備艦にもどり、一九五五年十一月十一日、ブリースに曳航されて解体された。

◆プレトリア・カースル

プレトリア・カースルは一九三八年十月二十八日にベルファストのハーランド&ウルフ社で進水し、一九三九年に竣工したユニオン・キャッスル・ラインの客船である。一万七三九二総トン、乗客五五五名、航海速力一八・五ノットで、ロンドン・アフリカ航路に就航した。

開戦後、十一月二十八日にベルファストで改造され、特設巡洋艦となって一五・二センチ砲八門、一二ポンド（七・六センチ）高角砲二門を装備、フリータウンを基点とする南大西洋水域の船団護衛に従事した。

一九四二年に本船は、英海軍戦前モデルのタイプB護衛空母の条件をみたすものと認められ、六月三十日、スワン・ハンター＆ウイガム・リチャードソン造船所に回航され、護衛空母への改装工事が開始された。

七月十六日に英海軍の買収が決定、二十九日に航空母艦として就役したが、工事は八月九日まで続けられた。ハル・ナンバーはF61。

基準排水量一万九六五〇トン、満載排水量二万三四五〇トン、全長一八〇・四メートル、幅二三・三メートル、吃水八・九メートル、飛行甲板全長一七〇・七メートル、幅二三・二メートル。

主機バーマイスター＆ウエイン・ディーゼル二基／二軸、出力一万六〇〇〇馬力、速力一八ノット、燃料搭載量二四三〇トン、航続距離一六ノット／一万六〇〇〇海里。

兵装一〇・二センチ連装高角砲二基、四〇ミリ四連装機銃（二ポンド・ポンポン砲）二基、二〇ミリ連装機銃一〇基、搭載機二一機。乗員六六六名。

格納庫長さ一〇七・九メートル、幅一四・〇メートル、搭載航空燃料七万四〇〇〇ガロン、エレベーター前方一基（一三・七×一一・九メートル）、カタパルトC2型一基。

防御は爆弾庫、弾薬庫、操舵室は一インチ、他はスプリンター防御。

着艦制動索は六基、七トン／六〇ノットの機体拘束力があり、七トン／四〇ノットのバリヤーを二基装備している。右舷アイランド後方に、七トンの機体揚収用クレーン一基がある。その他、探索兵器として、タイプ132および281H、272レーダーのほか、タイプ132アスディック（ソーナー）を装備している。

英国産護衛空母では船体が一番大きく、航空機収容能力も最大である。カタパルトを装備したのも国産護衛空母では本艦だけであり、緩燃性のコルダイト火薬を原動力としたC2型カタパルトをエレベーター前方に配置した。六・四トンの機体を六六ノットで射出する能力があった。

なお大戦中、英米海軍が使用した空母用カタパルトは油圧式が主力であり、火薬式は本艦のみで、試験的な装備であったといえよう。

改造にさいし、上甲板上の構造物を撤去して強化した上に格納庫と鋼製飛行甲板を設け、伸縮接手と艦首付近の支柱でこれを支えている。格納庫は高さが五・三メートルあり、閉囲されて一五機の収容能力がある。

その両舷は前後への連絡が可能で、短艇などが配置されている。飛行甲板右舷前方寄りに、前述の電子兵装をそなえた単檣付きのアイランドがある。搭載機揚収用のクレーンを装備し

プレトリア・カースル

ているのも、護衛空母では本艦だけである。

こうした装備の重量増加に対処するため、バラスト二五〇〇トンが積載された。

前方に配置されたエレベーターも新式のもので、のちに軽空母コロッサス級に装備されたものの原型となった。飛行甲板上に、着艦機撮影用のガントリー式カメラや風力精密測定装置も装備していた。

火薬式のカタパルトは戦艦や巡洋艦用カタパルト動力の応用で、本艦はさまざまな新装備の試験艦であったといえよう。その最大の任務が、新型艦上機の発着テストであった。

本艦は戦闘に従事せず、本国水域で発着艦訓練と新型機の性能試験に使用されたのである。

竣工したプレトリア・カースルは一九四三年八月十六日、ウエスターン・アプローチ部隊に編入され、クライドを基地として護衛空母搭載機の発着艦訓練を開始した。

十月二十七日、八二五中隊（ソードフィッシュ艦攻、シ

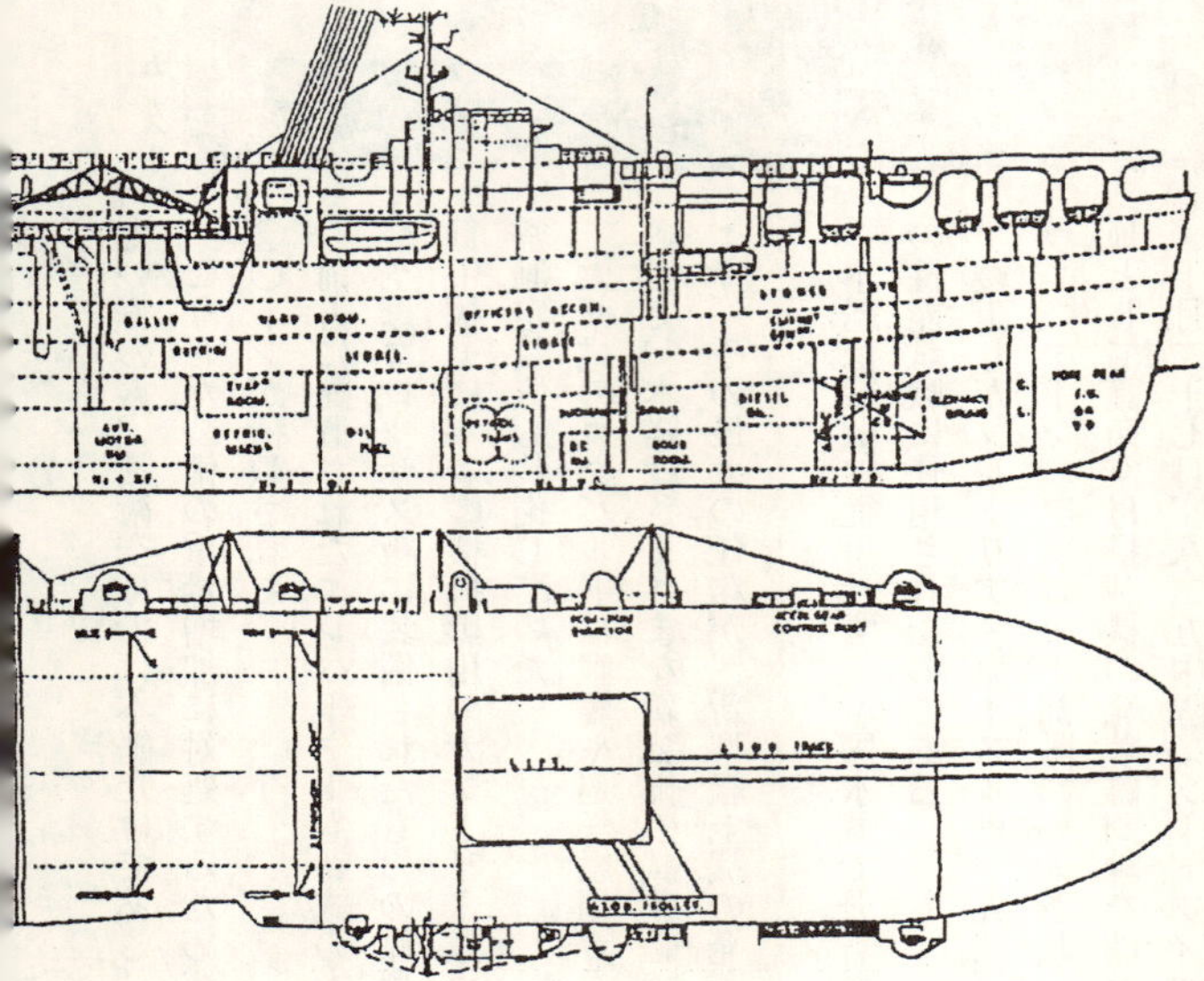
GALLEY
WARD ROOM.
OFFICERS ACCOM.
STORES
DIESEL OIL
FORE PEAK
LIFT

プレトリア・カースル

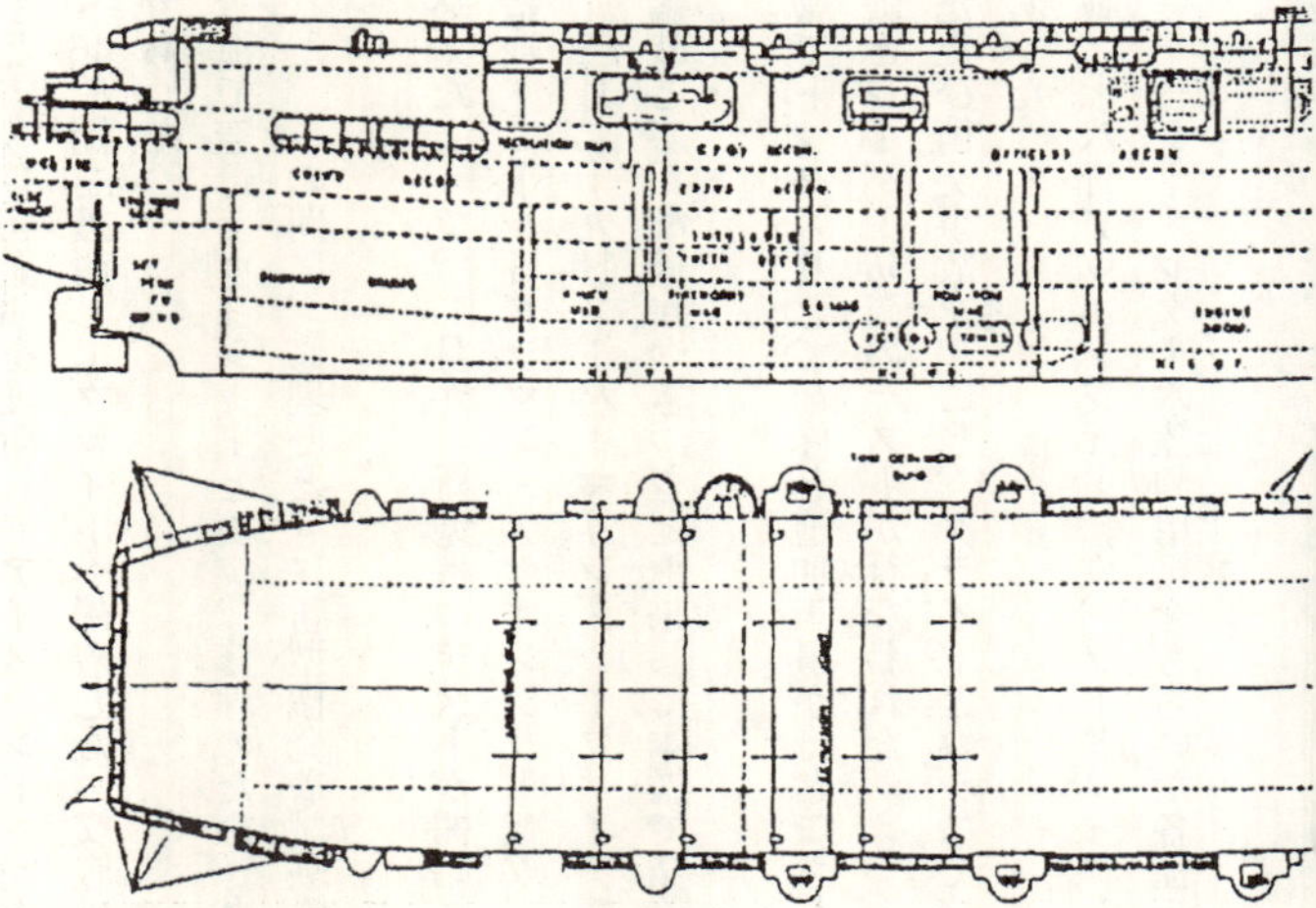

ーハリケーン艦戦）を収容すると、ＳＤ46船団を護衛してアイスランドへ向かった。二十九日に目的地へ着き、帰路はＤＳ46船団を護衛してクライドへ帰着した。交戦はなかったが、これが本艦の唯一の作戦行動であった。

十一月二十九日、クライド近海で空母ラヴィジャーと衝突、修理のため一九四四年二月十四日までクライド工廠に入渠した。この間に、修理とともに新型機発着試験艦としての準備も進められた。

一月二十日にはその整備を終えたようで、二月から新型機のテストが開始された。二月十六日グラマン・ヘルキャット艦戦、二十一日グラマン・アヴェンジャー艦攻、二十三日グラマン・ワイルドキャット艦戦、三月二十九日スーパーマリン・シーファイア艦戦、四月七日チャンスヴォート・コルセア艦戦と、新型機がつぎつぎと飛来して本艦で発着艦テストを実施した。

四月二十四日、クライド工廠でドック入りして補修と追加工事がほどこされた。

六月二日、シーファイア艦戦とレーダー防衛のテストが行なわれた。

七月十四日、クライドでふたたび衝突事故を起こし、クライドとロシスで修理を受け、任務に復帰したのは十月一日であった。

十月十六日シーファイア艦戦、十八日アヴェンジャー艦攻、ソードフィッシュ艦攻、二十三日ワイルドキャット艦戦、三十日シーオッター水陸両用艇をもちいた各種テストが実施された。

十月三十一日二〇・二センチ高角砲の射撃、十一月一日空軍ボーファイター雷撃型機の雷撃テスト、六日ファイアフライ艦戦の着艦、十三日バラクーダ艦爆、二十一日着艦フック付きスピットファイア戦闘機による各種テストを実施。

十二月十九日からベルファストとクライドでの機関修理にはいった。

一九四五年四月三日、カタパルト射出技術テストを行なう。八月十一日には着艦フック付きジェット戦闘機グロスター・ミーティア3を搭載、艦上発進と海上飛行の予定であったが、甲板上の整備作業のみで飛行中止。

八月二十三日、改良型飛行甲板照明装置の諸試験実施。終戦となり、九月十一日にポーツマス部隊に編入され、同工廠で修理。

一九四六年一月二十六日、旧船主のユニオン・キャッスル・ラインに売却、三月四日ポーツマスに繋留された。三月二十一日ベルファストへ回航、客船に改造されてワーウィック・キャッスルと命名、一九四七年から六二年にかけてアフリカ航路に就航した。一九六二年、スペインで解体。

客船として誕生し、戦時は特設巡洋艦、護衛空母（実際は航空新装備試験艦）として過ごし、戦後はふたたび客船にもどるという数奇な生涯をおくった船であった。

以上が、第二次大戦中に建造された英国産護衛空母の全容である。この後、米国貸与の護衛空母や商船空母へと続くのだが、その前に、最初の商船改造空母であるアーガスの、戦時下の行動をまとめておくことにしたい。

◆アーガス

一九三二年に予備艦となったアーガスは、スコットランドのロシスに繋留されていたが、一九三六年五月に無人標的機クイーン・ビーの操縦母艦兼練習空母への改装が決定した。一九三八年七月三十日、デヴォンポートで工事を終え、新しいカタパルトと着艦制動索を装備して本国艦隊に復帰した。

この時、英海軍は艦隊空母としてフューリアス、イーグル、ハーミーズ、カレージャス、グローリアスの五隻があり、新鋭のアーク・ロイヤルが竣工間近の状態にあった。

一九三九年時のアーガスの主要要目は、次のとおりであった。

基準排水量一万四〇〇〇トン、満載排水量一万六五〇〇トン、全長一七二・二メートル、幅二四・二メートル、吃水六・九メートル。

主機パーソンズ式ギヤード・タービン二基／四軸、円缶一二基、出力二万馬力、速力二〇ノット、燃料搭載量二〇〇〇トン、航続距離一二ノット／五二〇〇海里。

兵装一〇・二センチ高角砲六門、三ポンド（四七ミリ）砲四門、二〇ミリ機銃多数（一八

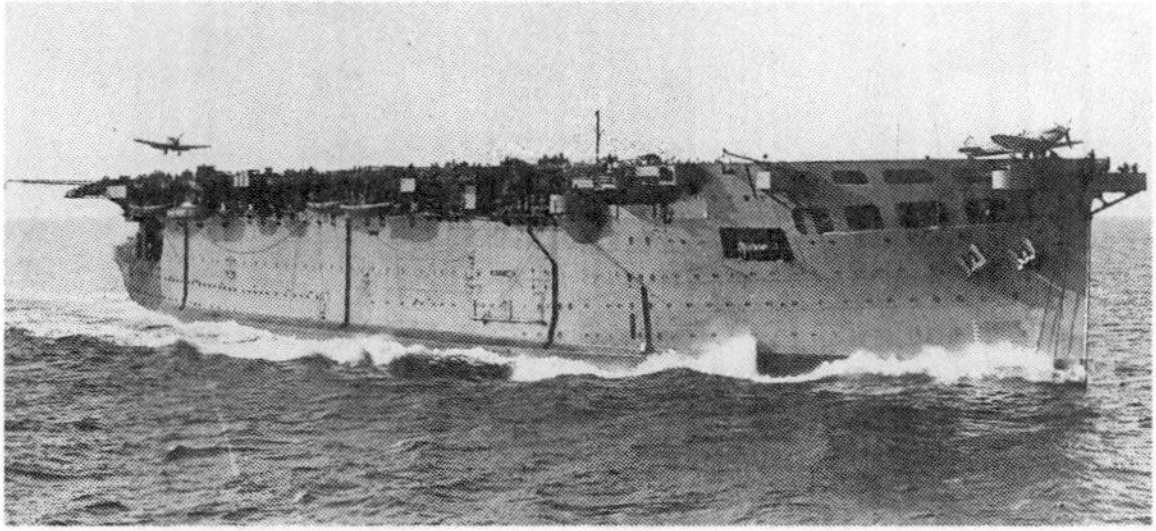

練習空母に改装されたアーガス

〜二〇梃とする資料あり。四三年二〇ミリ機銃一三梃増備）、搭載機二〇。乗員七六〇名。

飛行甲板全長一四三・三メートル、幅二五・九メートル。格納庫長さ一〇六・七メートル、幅二二・一メートル。搭載航空燃料一万四〇〇〇ガロン、エレベーター前方一基（九・一×一一・〇メートル）、カタパルト（油圧式）一基。

防御は弾薬庫（上部、側壁）二インチ、舷側水線下に耐四四〇ポンド魚雷のバルジあり。

着艦制動索は四基、五トン／五五ノットの機体拘束力がある。一九三六〜三八年の改装により着艦制動索は右記のものに改められ、後部エレベーターは廃止された。艦尾後方に二本開口していた煙路は、統一されて右舷後方に開口し、飛行甲板左舷後方にファンネル・ハッチが設けられた。

カタパルトはエレベーター前方に新設され、五・五トンの機体を六六ノットで射出する能力があった。ハル・ナンバーはI49。

改装後の本艦は、飛行甲板の延長前端の傾斜を水平にし、艦

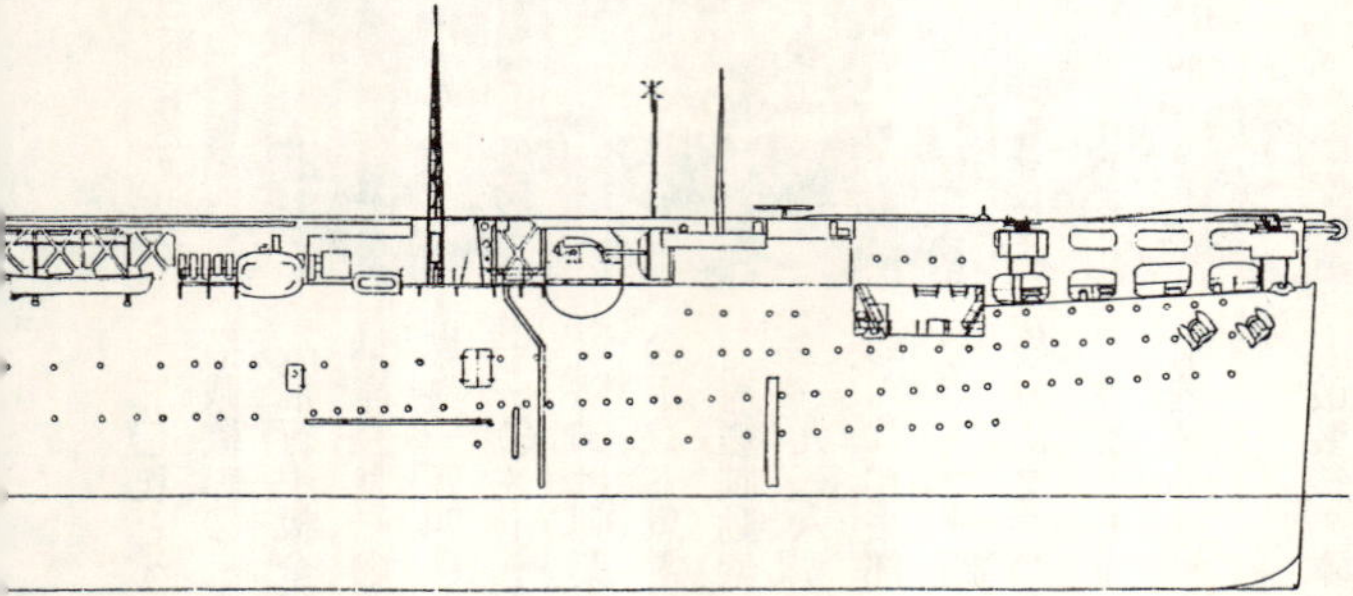

首を半閉囲構造としたが、これはカタパルト設置にともなう補強策であった。

船体中央部付近から前方にかけて、飛行甲板両舷に起倒式の落下防止柵が設けられているのは着艦失敗時の対策で、練習空母らしい装置といえよう。

一九三九年の開戦により十一月、地中海へ派遣され、トゥーロンを基地として七六七中隊（ソードフィッシュ艦攻）の発着訓練を開始した。これは本国近海よりドイツ機による危険も少なく、気候的にも優れていたからであった。

一九四〇年一月、イエール沖で七七〇中隊（ソードフィッシュ艦攻）の訓練を実施。

同年六月、イタリアの参戦により、七六七中隊をマルタ島に移してクライドに帰港した。

六月二十七日、七〇一中隊（ウォーラス水陸両用機）をアイスランドへ輸送。

近代改装後のアーガス（1938年）

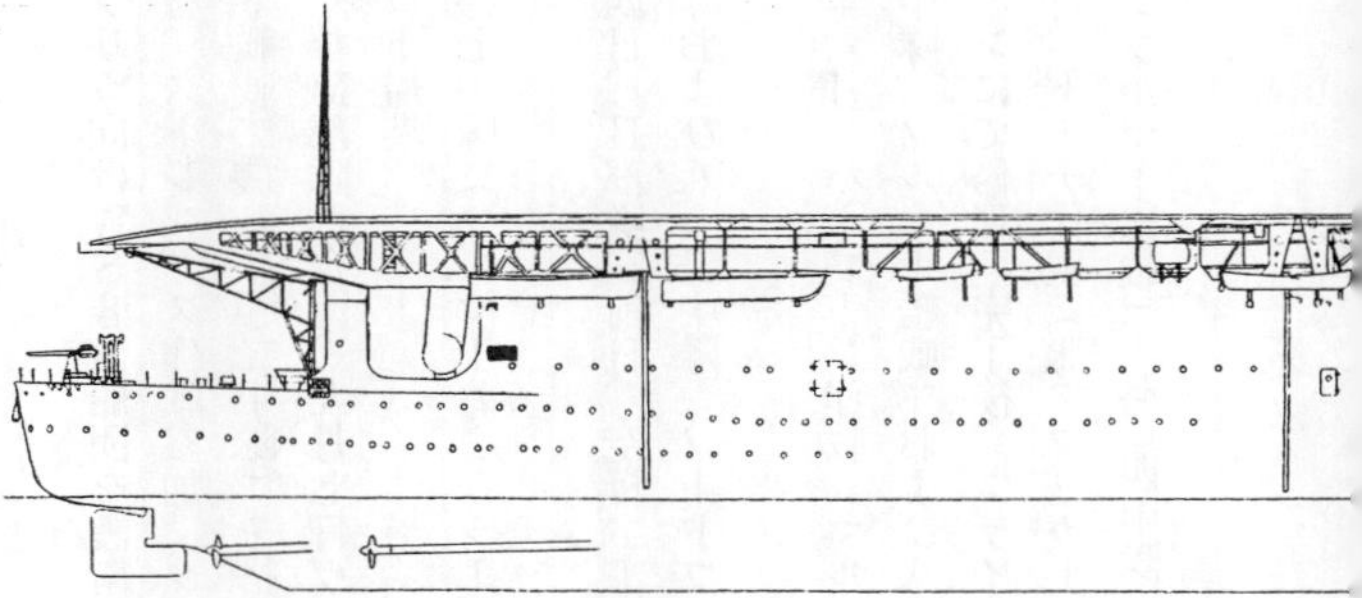

八月二日、ハリー作戦に参加、空軍のハリケーン戦闘機一二機を本国からマルタ島へ輸送。九月五日、ホワイト作戦、マルタ島への戦闘機支援。前回より飛行距離をひろげたが、パイロットが不慣れなため一四機のうち九機を失う。十一月十七日、西アフリカのタコラジーにハリケーン戦闘機三〇機を輸送陸揚げ（同地よりアフリカ大陸を横断しエジプトへ飛行）。十二月、空母フューリアスとハリケーン戦闘機を搭載、途上ＷＳ５Ａ船団を護衛しつつタコラジーへ向かう。アーガスは輸送機体のほかに、八二一中隊のソードフィッシュ艦攻三機を搭載して対潜護衛を実施した。一九四一年一月、クライド帰投。

三月、空母アーク・ロイヤルとジブラルタル経由で本国からマルタ島へ戦闘機輸送。八一二中隊のソードフィッシュ艦攻を搭載して対潜警

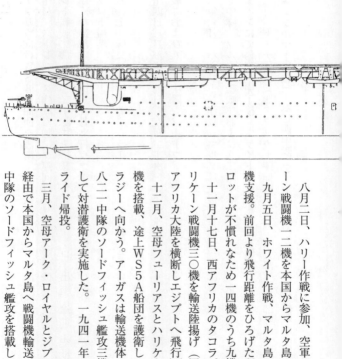

戒を行なう。

五月、アフリカ向けWS8B船団を護衛、帰国後、クライド近海で発着艦訓練に従事。

八月三十日、ストレングス作戦参加。ソ連向けハリケーン戦闘機二四機を収容、自衛用のマートレット艦戦二機（八〇二中隊）を搭載してスカパ・フロー出港。途上、空母ヴィクトリアスをふくむM部隊と合流、九月七日ヴァエンガへ戦闘機を飛行させ、全機安着。十六日、スカパ・フロー帰港。

十月、八〇七中隊（フルマーおよびシーハリケーン艦戦）を収容してジブラルタルへ輸送した。

十一月十四日、H部隊（前日、空母アーク・ロイヤル喪失により）編入、八〇七中隊（フルマー艦戦）および八一二中隊（ソードフィッシュ艦攻）の一部を引き継ぎ、地中海西部へ向かう。

一九四二年六月、ハープーン作戦（マルタ島支援）参加。空母はアーガスとイーグル。本艦は八〇七中隊（フルマー艦戦）および八二四中隊（ソードフィッシュ艦攻）を搭載した。

九月、タインにて修理。完了後、クライドで発着艦訓練を実施。

十一月三日、トーチ作戦（北アフリカ上陸作戦）参加。東方海軍任務部隊の一翼をにない、八〇七中隊（フルマー艦戦）、八二四中隊（ソードフィッシュ艦攻）を搭載して作戦に従事した。

十一月十日、後部に五〇〇ポンド爆弾が命中、二〇〇〇ポンドおよび五〇〇ポンド爆弾の至近弾もあって一部損傷したが、航空機の運用に支障はなかった。クライドで修理。

十二月十一日、北アフリカ向けKMF5船団、一九四三年一月二十二日KMF8船団、二月四日の帰路はMKF8船団の護衛を行ない、クライド帰投。

四月、クライドで発着艦訓練に従事。

一九四四年八月、予備役編入。十二月、チャタムで宿泊艦となる。

一九四七年三月に売却され、インヴァケイジングにて解体される。

第６章　アタッカー級

アーチャー級につづく、米国製護衛空母の第二陣がアタッカー級である。ＢＡＶＧ６として既述のトラッカーも本級に属し、Ｃ３－Ｓ－Ａ１型貨物船を改造したものである。

アーチャー級との大きな相違は、主機をディーゼルからタービンに改めたことで、米海軍のボーグ級に相当するといえよう。トラッカーをふくめ、九隻が一九四二～四三年に引き渡され、前級より数々の改良がほどこされている。

船体寸法は前級とほぼ同じだが、全溶接構造で格納庫は前部まで閉囲されており、拡張されて収容力を増した。エレベーターは前後二基に増設され、兵装も強化された。

排水量は増大したが、主機の変更（一軸推進は変わらず）もあって速力は維持され、航続力が延伸した。

これらの改正は米ボーグ級と共通するものであったが、既述の英国産護衛空母とことなるところも多かった。受領後、英海軍仕様に変更するのに数ヵ月を要したことから、作戦投入への時間の空費と、米海軍の不評をこうむったといわれる。

これは空母にたいする思想の相違にもとづくものとされ、一例を挙げれば、受領後に英海軍では各艦に固定バラストを搭載したが、米海軍では必要に応じて燃料タンクに注水して対処していた。これも、両海軍の復原性能にたいする考え方のちがいに由来している。ダッシャーの沈没事故でも、両海軍の判断の相違が論争となったが、建造を他国に依頼すれば、慣習の相違もあって、こうした対立は惹起しがちのようだ。

◆アタッカー

アタッカーは一九四一年四月十七日、米カリフォルニア州サンフランシスコのウエスターン・パイプ&スティール社で、C3型貨物船アーティザンとして起工された。建造中に米海軍に取得され、護衛空母への改造が決定した。

九月二十七日に進水して、ボーグ級護衛空母バーンズ（AVG7）と命名された。九月三十日に英海軍に引き渡され、アタッカーと改名した。竣工は十月十日である。ハル・ナンバーはD92。

竣工時の要目は次のとおり。

基準排水量一万二〇〇〇トン、満載排水量一万四四〇〇トン、全長一四九・九メートル、幅

アタッカー

二一・二メートル、吃水七・二メートル、飛行甲板長一三四・七メートル、幅二四・四メートル。

主機ジェネラル・エレクトリック式オール・ギヤード・タービン一基／一軸、フォスター・ホイーラーD型水管缶二基、出力八五〇〇馬力、速力一八・五ノット、燃料搭載量三一二三トン、航続力一一ノット／二万七三〇〇海里。

兵装一〇・二センチ単装高角砲二基、四〇ミリ連装機銃四基、二〇ミリ連装機銃八基、同単装機銃四基、搭載機二〇機、カタパルト一基。乗員六四六名。

格納庫長さ七九・九メートル、幅一八・九メートル、搭載航空燃料四万四八〇〇ガロン、エレベーター二基（前部一二・八×一〇・四メートル、後部一〇・四×一二・八メートル）、カタパルトH2型一基。

防御は爆弾庫にスプリンター装置あり。

着艦制動索は九基、九トン／五五ノットの機体拘束力あり、バリヤー二基装備。

なお、航空機輸送時には、飛行甲板上に露天繋止して、最大九〇

龍騎作戦におけるアタッカー（中央）。後続するのは護衛空母キディーヴ、手前は護衛空母パーシュアー

機の搭載が可能であった。

竣工後、一九四二年十二月にパナマ運河を通りノーフォーク、ジャマイカ、キュラソーを経由してクライドに入港したのは、一九四三年四月一日。リヴァプールで英軍艦として整備され、クライドで訓練ののち、八月に地中海へ派遣された。

九月八日、八七九および八八六中隊（ともにシーファイア艦戦）を収容し、V部隊に編入されてサレルノ上陸作戦に参加。

十月十日、ロシス入港。強襲作戦用に船体、装備などをととのえた。一九四四年三月まで新任務への訓練を実施し、五月十四日、地中海へ。

八月十五日、第八八・一任務群に編入され、八七九中隊とともに竜騎兵作戦（南フランス上陸）に参加。十六日から飛行隊は上陸部隊の掩護、敵沿岸防衛陣への爆撃、輸送車両部隊への攻撃、戦術的偵察などに活躍をして、二十三日に撤退するまで一八三回の出撃を実施した。九月二日、アレキサンドリア帰港。

九月十五日、エーゲ海に出撃。十六～十九日、護衛空母パーシュアー、エンペラー、サーチャー、キディーヴの搭載機と海軍第四戦闘機大隊を編成し、ドデカネッセ諸島などのドイツ軍基地を急襲、陸上輸送部隊や船舶などの爆撃や偵察を実施した。

十月十三日、マナ作戦参加。エーゲ海でアテネ奪取支援などを実施する。二十三～二十九日、エーゲ海域の鉄道、陸上輸送路攻撃、上陸支援などの諸作戦に従事し、三十一日アレキサンドリアを離れ本国へ。

十一月十日、デヴォンポート工廠で入渠、修理をうける。十二月七日、イタリアのタラント入港、再度修理。一九四五年二～三月に八九九中隊（シーファイア艦戦二〇機）を搭載してオーストラリアへ。

四月七日、八七九中隊（シーファイア艦戦）を収容して東インド艦隊第二一空母部隊に編入。八月七日トリンコマリ着。

八月十七日ペナン接収作戦、九月四日シンガポール接収作戦に参加。十四日シンガポールを離れて本国へ。

十一月十一日、クライド入渠、修理実施。

十二月九日、サウサンプトン経由で米本国へ。一九四六年一月五日、ノーフォークで米海軍に返還。売却後に改装され、商船キャステル・フォートとなる。のちフェアスカイと改名。

一九七七年十二月、香港着。一九七八年三月、フィリピンのマリヴェルスに曳航されて海上ホテルに改装、フィリピン・トゥリストと改名する。一九七九年十一月、火災で焼失、一九八〇年五月、香港に曳航されて解体。

◆バトラー

一九四一年四月十五日、米フロリダ州ペンサコラのインガルス造船会社でC3型貨物船モアマックターンとして起工され、進水前に米海軍に取得されて、護衛空母アルタマハ（AVG6）として改装建造されることになり、一九四二年四月四日進水した。

十月三十一日、英海軍に貸与されてバトラーと改名、十一月十五日竣工。アタッカー級の二番艦で、ハル・ナンバーはD18。

なお、公試運転中の十一月九日、突堤に衝突損傷し、ニューオリンズで応急修理ののち、二十三日ノーフォーク工廠で修理を続行、実際の就役はいくぶん遅れることになった。

主機はウエスチングハウス式DRギヤード・タービン一基／一軸、フォスター・ホイラー缶二基を搭載、燃料搭載量三二七〇トン。他の要目はアタッカーと同じである。

竣工後、最初の任務は十二月二十一日、八九〇、八九二、八九四中隊のマートレット艦戦を搭載して、HX220船団とともに英国クライドへ輸送することであった。

一九四三年一月十二日、リヴァプールへ回航され、ウエスターン・アプローチ部隊の一翼

バトラー

をになう。

四月四日、グリーノックに移り、六月四日、KMS16船団に航空機輸送空母として参加、二十二日、XK9船団とともにクライドへ帰港した。

飛行隊は一九四二年十二月から四三年一月にかけて、八九〇中隊のマートレット艦戦六機を搭載して大西洋を往来していた。一九四三年四月から八〇八中隊（シーファイア艦戦九）と八三五中隊（ソードフィッシュ艦攻九、シーハリケーン艦戦六）に改められた。六月には八〇八中隊（シーファイア艦戦四）も加わるなど、少しずつ増強されている。

八月に八〇九中隊（シーファイア艦戦九）と八〇七中隊（同一二）を収容、九月一日に地中海へ。

九月九日、本艦はアタッカー、ハンター、ストーカー、ユニコーンとV部隊（シーファイア艦戦隊）を編成してサレルノ上陸作戦に参加。四二時間にわたり、延べ七一三回出撃して支援攻撃を実施した。九月三十日、ジブラルタル帰投。

九月二十二日、東インド艦隊に編入され、ボンベイを基地として海上輸送防衛に従事。

十一月四日、八三四中隊（ソードフィッシュ艦攻一二、シーファイア艦戦六）とともにAB18A船団、十一月十一日AB20船団、十二月十二日AB24A船団、一九四四年一月八日、AB27船団をそれぞれ護衛する（十一月以降、シーファイア艦戦をワイルドキャット艦戦六機と交替）。

一月十六日、東アフリカ、マダガスカル島沖で対潜作戦実施。

三月十二日、重巡サフォーク、軽巡ニューキャッスル、駆逐艦二隻とともにアフリカ沖でUボート狩りをおこなう。Uボートに補給中のドイツ給油艦ブラーケを本艦のソードフィッシュが発見、ロケット弾攻撃を加え、駆逐艦ローバックと協力して同艦を撃沈、Uボートに損傷をあたえた。十六日モーリシャス帰港、二十八日ダーバンで修理。

六月二十八日、CM53船団護衛。七月十一日、KR11船団護衛、コロンボ付近で対潜パトロールを実施。八月二十二日、アデュ環礁で対潜哨戒。

十一月八日に輸送空母となり、本国よりオーストラリア、南太平洋、パナマ運河経由で米ノーフォークに航空機輸送をおこなう。

一九四五年三月五日、ウエスターン・アプローチ部隊で練習空母となり、発着艦訓練に従事。五月二十四日、ベルファスト近海で訓練。

六月四日、ロシス部隊編入、訓練任務続行。一九四六年一月六日、クライドで予備艦となり、十九日米国に向け出港、二月十二日ノーフォークで返還された。

六月十二日、解体のため売却。

◆**チェイサー**

本艦も最初、C3型貨物船モアマックガルフとして一九四一年六月二十八日、パスカグーラのインガルス造船で起工された。

進水前に米海軍の護衛空母への改造が決定し、一九四二年一月十五日の進水時にブレトン（AVG10）と命名されている。

一九四三年四月九日、竣工し、英海軍に貸与されてチェイサーと改名、二十三日ノーフォークへ回航された。ハル・ナンバーはD32。

五月三十一日、チェサピーク湾で航海訓練を終え、八四五中隊（アヴェンジャー艦攻一二）を搭載して、HX245船団とともに英本国へ向かった。七月六日クライド着。

七月七日にボイラー破裂事故があり、ロシスで修理。十月二十九日ウエスターン・アプローチ部隊に編入され、クライド近海で訓練。

八三五中隊（ソードフィッシュ艦攻九、シーハリケーン艦戦九）を収容したのち、スカパ・フローを基地として飛行訓練に従事。十一月二十九日クライドで修理。

一九四四年二月二十一日、八一六中隊（ソードフィッシュ艦攻一一、ワイルドキャット艦戦一一）を収容し、JW57船団を護衛してスカパ・フロー出港、北ロシア航路へ。船団は四二隻からなり、荒天下、吹雪と酷寒に襲われて難航したが、ソードフィッシュ艦攻は対潜哨戒をつづけた。

途上、Uボート群に襲われて駆逐艦マーラッタを失ったが、船団に被害はなく、二月二十八日コラ湾へ達した。

帰路RA57船団（商船三一隻）を護衛、Uボートにより貨物船一隻が沈められたが、三月四日ソードフィッシュ艦攻は護衛艦艇と協力してU472、五日には三インチ・ロケット弾によりU306、六日にU974を次々と撃沈する戦果を挙げた。

三月十三日に座礁し、十四日曳航されて帰国。十八日ロシスで修理後、ベルファストで輸

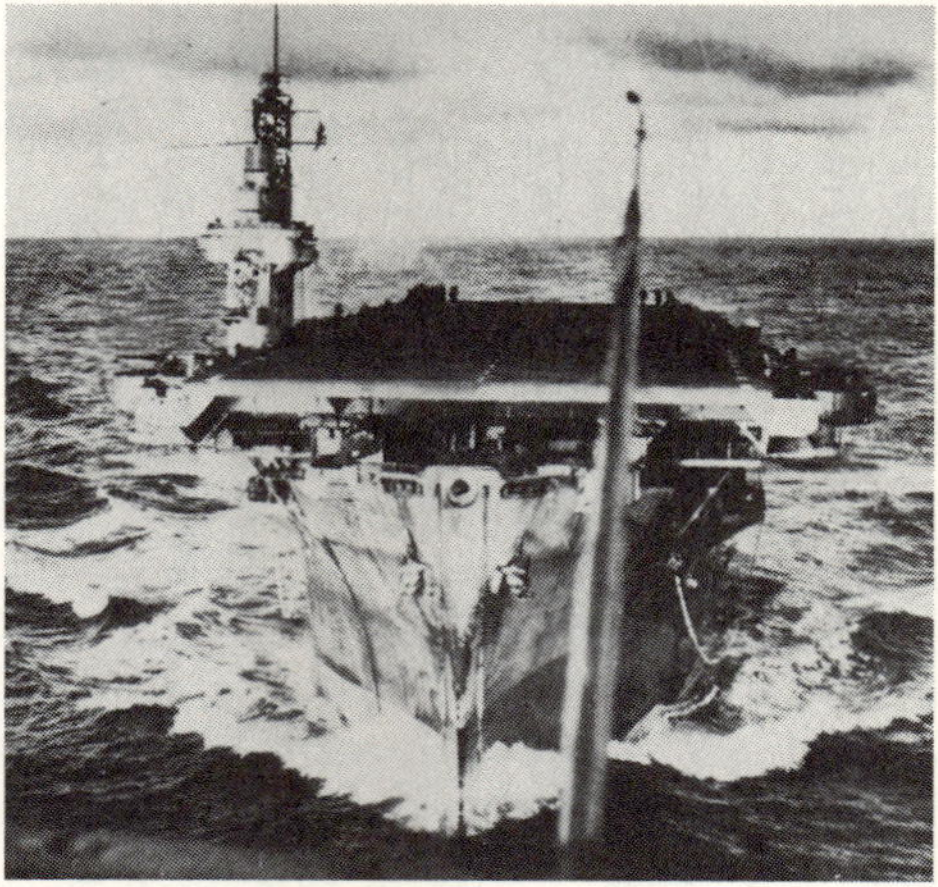

ロシア向け船団を護衛するチェイサー

送空母に改装される。

一九四五年二月四日、太平洋艦隊に編入されて補給空母となる。ＫＭＦ41船団とともに極東方面へ出港、ジブラルタル、スエズ運河を経由してアデン、コーチン、コロンボに寄港。

五月、シドニーへ入港。航空機を搭載してレイテ、マヌスに寄港。五月十四日、回収した飛行機を搭載してレイテ出港。

五月十八日、沖縄にて米第五八任務部隊にシーファイア艦戦三、ヘルキャット艦戦二、ファイアフライ艦戦一、アヴェンジャー艦攻二、コルセア艦戦一機を引き渡し、不要のアヴェンジャー艦攻三、ファイアフライ艦戦一機を収容する。

七月、レイテにてシーファイア艦戦九、アヴェンジャー艦攻七、コルセア艦戦六、ヘルキャット艦戦一、ファイアフライ艦戦一機を収容する。七月三十一日、補給部隊と合流、第三七任務部隊に補給した。

八月七日、マヌス出港。十月三日、シドニーで修理。三月、ジャワ島スラバヤ泊。

一九四六年五月十二日、米海軍に返還。売却後、改造されて商船アーグテベルクとなる。のちイーヤンと改名。

一九七二年十二月四日に浸水沈没する。翌年に引き揚げられ、台湾で解体された。

◆フェンサー

一九四一年九月五日、サンフランシスコのウエスターン・パイプ&スティール社で起工されたC3型貨物船が本艦の前身である。建造中に米海軍が取得し、ボーグ級護衛空母として改造されることになり、一九四二年四月四日進水、クロータン（ACV14）と命名され、翌年二月二十日に竣工した。

二月二十七日、英海軍への貸与が決定、フェンサーと改名し、三月一日サンフランシスコで英海軍に引き渡された。ハル・ナンバーはD64。なお、クロータンの艦名は米海軍でACV25に引き継がれている。アタッカー級の四番艦である。

一九四三年五月二日、ニューヨークへ回航、HX238船団と共に英本国へ向け出港した。五月二十二日、ウエスターン・アプローチ部隊に編入、リヴァプールで英海軍基準の改装工事をほどこした。七月三十一日、クライドに移って八四二中隊（ソードフィッシュ艦攻九、シーファイア艦戦六）を収容、八月から船団護衛訓練を開始した。

十月三日、アラクリティ作戦（海軍航空基地使用を目的にアゾレス諸島攻略）に参加。十一月五日クライド帰着。

十一月十九日、SL139船団およびMKS30船団を護衛、二十一日、He177爆撃隊によるグライダー爆弾の攻撃をうけたが、被害なし。

二十六日、OS60船団およびKMS34船団を護衛。この時、八四二中隊の艦戦をワイルドキャットにあらため、飛来したFw200一機を撃墜した。ソードフィッシュ艦攻は夜間対潜護衛を実施。

十二月六日、SL141船団およびMKS32船団、十七日SL142船団およびMS33船団をそれぞれ護衛し、二十四日クライドに帰投し、修理にはいる。

一九四四年二月八日、第一六護衛群を護衛空母ストライカーと編成し、ON223船団およびHX278船団の護衛を実施。十日午後、本艦のソードフィッシュ艦攻はU666を発見し、撃沈する戦果をあげている。

二月二十六日、SL149船団およびMKS40船団を護衛した。

三月十七日、本国艦隊に編入され、スカパ・フローに入港。三十日、北アフリカ航路のJW57船団およびRA57船団護衛のため同港を出港。

三十日、タングステン作戦（ドイツ戦艦ティルピッツ攻撃）に従事。八四二中隊（ソードフィッシュ艦攻一二、ワイルドキャット艦戦八）を搭載して、空母ヴィクトリアス、フューリアス、護衛空母エンペラー、パーシュアー、サーチャーなどとともにノルウェーのカーフィヨルドへ向かう。本作戦で護衛空母群は対潜警戒にあたった。

四月二十四日、同兵力による同目的のプラネット作戦が予定されたが、悪天候のため中止。二十八日、北ロシア帰路のRA59船団を護衛して本国へ。途上、船団の一隻をUボートに沈められ、ソードフィッシュ一機を悪天候下の着艦時にうしなう。

五月一日、ソードフィッシュがU277を撃沈。二日、さらにU674およびU959を

フェンサー

沈め、ワイルドキャット艦戦は飛来したBv138C哨戒機を撃墜する戦果がつづいた。

五日、クライドに帰投し、荒天下の損傷修理にはいる。本艦は二～五月にUボート四隻を沈め、Uボート・キラーの名を高めた。

六月二十日、ウォンダラ作戦（ノルウェー北方水域でのUボート狩り）に従事、重巡シェフィールド、護衛空母ストライカー、駆逐艦六隻とともに八四二中隊（ソードフィッシュ艦攻一二、ワイルドキャット艦戦八）、八八一中隊（ワイルドキャット艦戦一〇）を搭載してノルウェー沖へ向かう。

本作戦は、連合軍のノルウェー進攻を北氷洋船団派遣で偽装して、同水域へのUボート集結を意図したものであったが、パトロールと沿岸基地への攻撃を繰り返してもUボートは姿を見せず、作戦は中止となった。

七月十三日、ウエスターン・アプローチ部隊に復帰、八四二中隊（ワイルドキャット艦戦）を搭載してOS83船団およびKM57船団の護衛を実施した。二十二日、SL164船団および

MKS55船団護衛。

八月八日、CX作戦実施、三二部隊とともにスコットランド西方沖の対潜掃討を行なう。

九月二十八日、八四二中隊（ワイルドキャット艦戦四、アヴェンジャー艦爆四――八月に被雷損傷した護衛空母ネイバブの搭載機を受領）とともにノルウェー水域で本国艦隊の対潜支援に従事。

十月十四日、八五二中隊（アヴェンジャー艦爆）、八八一中隊（ワイルドキャット艦戦）と共にノルウェー沖で機雷敷設作戦を支援。これが航空隊をもちいた最後の作戦となった。

三十一日、英太平洋艦隊の輸送空母となり、クライドを出港して極東水域へ向かう。

十一月二十二日、セイロン島トリンコマリ着。航空機を搭載してオーストラリアへ。

一九四五年三月三十一日、第一航空戦隊の艦隊空母用補充搭載機を収容してシドニー出港、フィリピン群島レイテ島へ向かう。

六月十三日、修理のため南アフリカのシモンズタウンに向け出港。東インド艦隊第三〇航空戦隊に編入される。

八月三十一日、セイロン島コロンボ在泊、九月四日に本国へ向け出港。二十五日クライド着。

三十日、ロンドンで入渠し兵員輸送艦への改造着手。ロシス部隊に編入。

十二月十三日、コロンボに向け出港。

一九四六年二月二十日、プリマス着。二十一日シーアネス造船所にて修理。十一月二十一日、米ノーフォークで米海軍に返還。売却されて改造、商船シドニーとなる。一九六七年ローマ、七〇年ギャラクシー・クイーン、七一年レディ・ディナ、七三年カリビアと改名されて運用されたが、一九七五年九月一日、イタリアのスペチアで解体。

◆パーシュアー

一九四一年七月三十一日、パスカグーラのインガルス造船所でC3型貨物船として起工された。この時予定された船名はモアマックランドであったが、一九四二年一月七日、米海軍に買収されて護衛空母への改造が決定し、予定艦名をセント・ジョージ（AVG17）とした。しかし、二月二十四日に英海軍に貸与されることになり、七月十八日進水、一九四三年六月十四日の竣工と同時に英海軍に引き渡され、艦名をパーシュアー（D73）とあらためた。二十八日、ノーフォークに回航され、最終整備をほどこした。

七月三十日、HX250船団とともに本国へ向かい、八月十一日、リヴァプール入港。ウエスターン・アプローチ部隊に編入され、強襲用空母として整備されて、十一月十六日、クライドへ回航された。

二十五日、ベルファストで最終整備のうえ、十二月十九日からアイルランド沖で、前日収容した八八一中隊（ワイルドキャット艦戦一〇）と八九六中隊（同）の訓練を開始した。

本艦の兵装は一〇・二センチ単装高角砲二基、四〇ミリ連装機銃四基のほかに、エリコン式二〇ミリ機銃が連装六基、単装一〇基（計二二梃）と初期同クラスよりいくぶん強化されており、搭載機数も作戦時二四機、輸送時九〇機と増大している。航空機搭載兵器も一八インチ魚雷、五〇〇ポンド準徹甲爆弾、二五〇ポンド爆弾、M11爆雷など通常の護衛空母より強力なものがふくまれていた。これも強襲用の任務にもとづくものといえよう。

所属航空隊の八八一中隊と八九六中隊を収容して訓練を終えた本艦は、一九四四年二月五日、最初の任務としてOS67船団およびKMS41船団の護衛を実施、三月六日クライドに戻った。

三月十七日、所属航空隊とともに本国艦隊に一時編入され、スカパ・フローへ回航のうえ、ノルウェー沿岸沖をめざして出撃した。

これは、ノルウェー沖のドイツ戦艦ティルピッツ攻撃を目的としたタングステン作戦にもとづくもので、英海軍は戦艦二隻、艦隊空母二隻、護衛空母四隻、軽巡四隻を基幹とする本国艦隊を出動させた。この時、ティルピッツは一四発も被弾したが沈没にはいたらず、その後、航空攻撃は十一月まで続けられた。護衛空母の主任務は艦隊の対潜護衛で、戦艦攻撃には参加しなかった。四月六日、スカパ・フロー帰投。

四月二十一日、空母ヴィクトリアスなどとともにボーデ沖の船舶攻撃に参加したが、荒天

パーシュアー

下で損傷をうけ二十八日、スカパ・フローに帰投。五月一日、修理のためリヴァプールへ回航。

六月一日、イギリス海峡で防衛に当たる。北フランス上陸支援のネプチューン作戦に参加、イギリス海峡で防衛に当たる。

六月十九日、アイリッシュ海峡で作戦従事、八九一中隊は解隊のため退艦。

七月十五日、地中海艦隊へ編入。

二十五日、八八一中隊（ワイルドキャット艦戦一〇）を搭載してクライド発、マルタ島へ。

八月十二日、南フランス解放の龍騎兵作戦に参加。本艦はアタッカー、キディーヴ、エンペラー、サーチャーとともに八八・一任務群に編入され、十五日以降、航空隊は対空警戒、偵察、急降下爆撃、目標地哨戒などに大活躍した。出撃は一八〇回におよび、対空砲火で二機を失い、損傷により不時着一機のほか、帰着後に四機の損傷ひどく廃棄処分されるという激戦であった。九月二日、アレキサンドリア帰港。

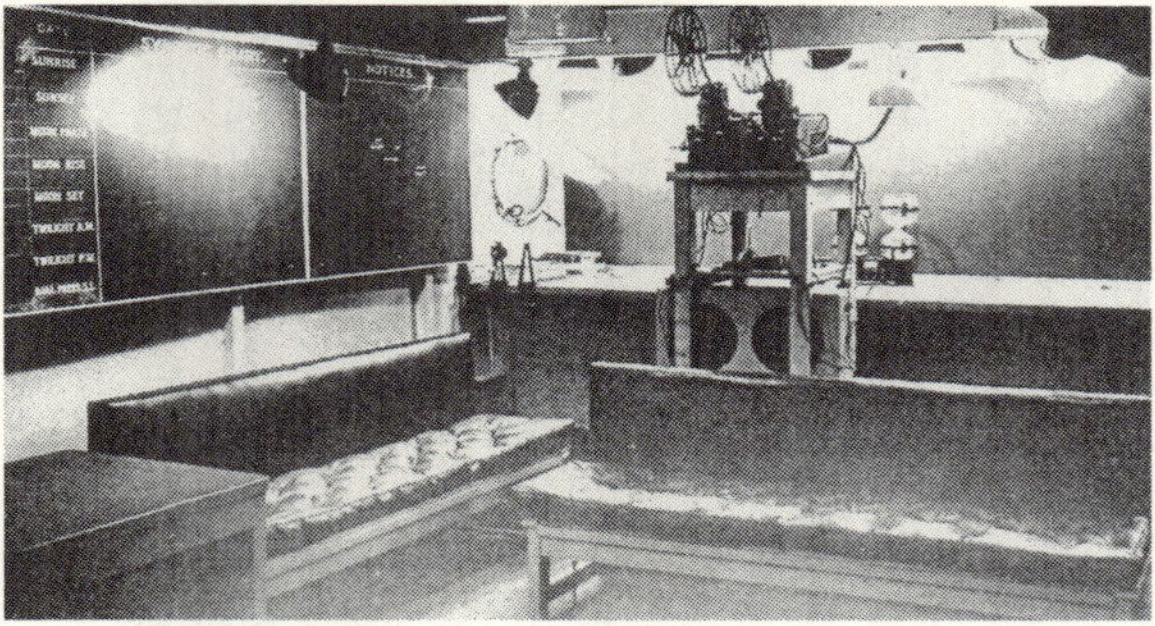

パーシュアーの作戦指示室

九月九日、「遠出作戦」。本艦、サーチャー、キディーヴ、ハンターの護衛空母四隻は、A部隊（旗艦・軽巡ロイヤリスト）とともにエーゲ海のドイツ軍基地や船舶の攻撃を実施した。本艦の八八一中隊をはじめ、僚艦の搭載機もすべてワイルドキャットまたはヘルキャットとグラマン系艦戦で構成されており、これで第七海軍戦闘機隊を編成して奮戦した。

十二日から十四日にかけて連日出撃を続け、十六日の航空攻撃で敵船四隻を撃沈、六隻に損傷をあたえ、輸送部隊を掃射して沿岸基地を爆撃した。十七日はミロス島、ティラ島付近の海域で偵察と攻撃を実施、ロデス港を襲い、船舶に損害をあたえた。本作戦での出撃は一三六回におよび、二十一日アレキサンドリアへ帰投した。

十月一日アレキサンドリア港発、八日ジブラルタル着。十二日クライドへ。

十月二十八日、本国艦隊復帰、スカパ・フローで八八一中隊（ワイルドキャット艦戦）を収容する。

十一月十三日、カウンターブラスト作戦（ノルウェー沖ドイツ船舶攻撃）従事のためナルヴィク沖へ出撃。エゲルスンド東南沖の船団を軽巡洋艦ユーリアラスなどが砲撃、本艦航空隊は対空対潜警戒をおこなった。

十四日、ステーク作戦。航空隊はトロンハイム沖の船団を攻撃し、武装漁船一隻を炎上させ、ティトランの無線基地を爆撃した。十六日、スカパ・フロー帰港。

十一月二十日、ハンドファスト作戦。護衛空母プレミアーとサルフスストロメン沖で機雷敷設を実施した。

二十六日、プロヴィデント作戦。空母インプラカブル、護衛空母プレミアーとともにモスジュエン、ナルヴィク間の船団攻撃の予定であったが、悪天候のため、護衛空母二隻は作戦を中止し、インプラカブルのみ攻撃実施。ノルウェー沖を離れ、二十九日クライド帰港。損傷修理に入る。

十二月十二日、搭載機なしでUC48B船団に同行して米国へ。二十四日、ノーフォークで修理実施。

一九四五年二月四日、一八三一中隊（コルセア艦戦一八機）を搭載し、英本国へ輸送。十五日、ベルファスト入港。十七日、クライドにて修理実施。

三月三十一日、八八一中隊（ワイルドキャット艦戦六）を収容、東インド艦隊に編入。八九八中隊（ヘルキャット艦戦二四）を収容し、KMF42船団を護衛してジブラルタルへ。さらに東インド諸島、フリータウンを経由して、四月九日、ケープタウン入港。五月三日、ダーバンにて修理実施。七月七日、コロンボへ向け出港。二十五日同地を経て、八月一日、トリンコマリ入港。九月四日、スウェテンハム港接収へ向かう。十月六日、トリンコマリ帰港、輸送任務に従事。十一月二十日、コロンボ出港、本国へ。十二月十二日、クライド着。艦艇艤装解除のためロシス部隊に編入。

一九四六年一月十六日、ポーツマス出港、二月十二日、米ノーフォーク入港、米海軍に返還。五月十四日売却されて、解体された。

◆ストーカー

一九四一年十月六日、フェンサーと同じくサンフランシスコのW・P&スティール社でC3型貨物船として起工された。建造中に米海軍に渡り、護衛空母への改造が決定する。一九四二年三月五日に進水してハミルトン（ACV15）と命名された。十二月二十一日、英海軍に引き渡されてストーカー（D91）と改名、同月三十日竣工した。

一九四三年二月二十七日、ニューヨークへ回航され、三月五日、英国輸送用の航空機を搭載してUGF6船団とともに米大陸を離れた。十六日、カサブランカで航空機をおろし、二十日、ジブラルタルに入港。

二十八日、ＭＫＦ11船団を護衛して、四月五日、クライドに着き、ウエスターン・アプローチ部隊に編入された。十七日、チャタム工廠で英海軍基準の改装工事に着手した。これを終えて、英海軍護衛空母としての活動が開始されたのは六月からであった。

六月二十七日、八三三中隊（ソードフィッシュ艦攻六、シーファイア艦戦六）を収容、クライドを基地として訓練が開始された。

八月三日、Ｈ部隊に編入され、サレルノ上陸作戦（雪崩作戦）に参加、ジブラルタルを出撃した。九日、ジブラルタル入港、八三三中隊のソードフィッシュ艦攻をおろし、八八〇中隊のシーファイア艦戦一二機を搭載する。任務を揚陸作戦時の航空戦に統一し、九月一日、マルタ島へ向かった。

九月九日、本艦はアタッカー、バトラー、ハンター、ユニコーンとともに軽巡ユーリアラスを旗艦とする部隊に編入され、大型空母イラストリアス、フォーミダブルのＨ部隊とともにサレルノ上陸作戦を実施した。

イタリアは九月八日に降伏し、ドイツ軍との戦闘になる。撤退時の九月十二日、シーファイア艦戦二機を事故で喪失。十三日、ビゼルタ入港。

九月二十日、ジブラルタルへ。八三三中隊のソードフィッシュ艦攻復帰。

三十日、ＭＫＦ24船団を護衛してクライドへ。十月六日、クライド着。八三三、八八〇中隊の機体をおろし、リヴァプールで修理。

ストーカー

十二月十六日、修理完了。ベルファストで八〇九中隊（シーファイア艦戦二〇）、八九七中隊（シーファイア艦戦一〇）を収容。

一九四四年二月二十八日～四月二十八日、テムズ工廠で修理。五月十四日、八〇九中隊とともにKMS51船団を護衛してジブラルタルへ。

八月二日、マルタ沖で第八八任務部隊に編入。護衛空母ハンター、米護衛空母ツラギ、カサーン・ベイと八八・二任務群を編成する。

八月十五日、龍騎兵作戦（南フランス解放）に参加。二十七日、作戦完了。本作戦中、同任務群による航空機の出撃は一八〇回に達した。九月二日、アレキサンドリアへ帰港。

九月二十五日、海外電報作戦（エーゲ海のドイツ船舶および島嶼陣地攻撃）に参加。アタッカー、ハンター、キディーヴなど護衛空母七隻の搭載機で海軍第四戦闘機大隊を編成して、偵察、攻撃に活躍した。

本艦のシーファイア艦戦（八〇九中隊）も二十六日にロードス島、レロス島の偵察と攻撃を実施し、航空機、輸送車両、小型船艇を爆砕、二十九日には揚陸艇、魚雷艇、多数の沿岸連絡艇や小艇を撃破した。出撃は一〇七回に達し、三十日、燃料補給のためアレキサンドリアへ向かった。

十月五日、アレキサンドリア出撃、レロス、コス、ピスコピ諸島の偵察攻撃を実施したが、攻撃目標が見当たらず。七日より数日間、沿岸船舶攻撃を行なう。十一日、アレキサンドリア帰港、燃料補給。

十月十三日、マナ作戦にてエーゲ海北方に進出、鉄道施設、沿岸船舶攻撃を実施、二十日、キオス沖泊。

二十一日、アレキサンドリア帰港。今回のエーゲ海作戦での出撃回数は二七七回にのぼり、シーファイア艦戦五機をうしなっている。二十九日、ジブラルタル経由で本国へ。十一月十日、デヴォンポート入港。十二月三日、ジブラルタル工廠に入渠して修理。

一九四五年二月二十一日、東インド艦隊第二一航空戦隊に編入、スエズ経由でトリンコマリに向け出港。

四月三十日、ドラキュラ作戦のため護衛空母エンペラー、キディーヴ、ハンターとともにラングーン、テナセリム沿岸攻撃。本艦の八〇九中隊（シーファイア艦戦二四）は八四回出撃して、総飛行時間は一二四時間。

六月十八日、バルサム作戦（マレー半島南部偵察撮影、スマトラ島飛行場攻撃）。本艦のシーファイア艦戦は、アミアー、キディーヴのヘルキャット艦戦と合同で作戦を行なった。この時、一七〇〇海軍航空隊のウォーラス飛行艇一機を本艦に搭載して偵察などに使用、八〇九中隊を支援した。

七月五日、トリンコマリ沖で作戦訓練。

八月、終戦。九月十日、ジッパー作戦でキディーヴ、エンペラー、ハンターとともにシンガポール入港。シンガポールおよびマレー半島の接収に協力をした。

九月十三日、シンガポール出港、二十八日、トリンコマリ入港。コロンボ入港後、十月二日、スエズ経由で英本国へ。

二十二日、クライドで艦艇艤装の解除にはいり、十一月二十八日完了。

十二月二日、クライド出港、米国へ。二十九日、ノーフォークにて米海軍に返還、米海軍は同船を売却し、改造されて商船リオウとなる。一九六八年ロビトと改名。

一九七五年九月、台湾にて解体。

◆ストライカー

一九四一年十二月十五日、サンフランシスコのＷ・Ｐ＆スティール社でＣ３型貨物船として起工された。建造中に米海軍に売却され、一九四二年五月七日、護衛空母プリンス・ウィリアム（ACV19）と命名された（この艦名は本艦が英海軍に貸与、改名後、CVE31に引き継がれた）。

一九四三年四月二十八日、竣工。二十九日、英海軍に引き渡され、ストライカーと改名した。アタッカー級に属し、ハル・ナンバーはD12。サンフランシスコで受領し、英艦籍に入った。

五月二十九日、ノーフォークへ回航。六月二十日までノーフォーク沖で慣熟訓練をおこない、三十日、ニューヨーク経由でHX２４６船団とともに英本国へ向かった。七月十三日、リヴァプールへ入港。

十八日、チャタム工廠へ入渠、英海軍基準の改装工事に入る。十月十八日これを終えて、ウエスターン・アプローチ部隊に編入され、クライドへ回航された。

十月二十一日、アイルランド沖で所属航空隊八二四中隊（ソードフィッシュ艦攻九、シーハリケーン艦戦六）を収容、訓練開始。

十一月二十五日、クライドで欠陥修理を実施。

十二月十六日OS62船団とKMS36船団、二十八日SL１４３船団とMKS34船団を支援。

一九四四年一月一日、OS63船団とKMS37船団、七日SL１４４船団とMKS35船団をそれぞれ支援した。

ストライカー

一月十七～二十六日間の海上支援を終えて本国へ帰り、クライド工廠で修理実施。

二月八日、第一六護衛群とともにＯＮ２２３船団、一五日ＨＸ２７８船団の支援をおこない、クライド工廠で修理。

三月四日ＯＳ70船団とＫＭＳ44船団、二十三日ＳＬ１５２船団とＭＫＳ43船団を支援、四月二日、クライドで修理。

四月十八日、本国艦隊へ一時編入され、八二四中隊とともにスカパ・フローへ回航。

四月二十一日、リッジ・エーブル、リッジ・ベーカー作戦（ノルウェーのボーデおよびナルヴィク付近の船舶攻撃）を空母ヴィクトリアス、フューリアスおよび護衛空母五隻で実施、本艦は対潜警戒に当たった。

五月七日、フープス作戦。スカパ・フローを出撃してスカゲラック海峡へ。サーチャー、エンペラーがクリスチャンサンド北方およびグロッセン間の船舶ならびに陸上の油槽や魚油工場の攻撃を実施、本艦はその間、ソードフィッシュ艦攻一二機により対潜護衛任務についた。

五月十一日、八二四中隊にくわえ八九八中隊（ワイルドキャット艦戦一〇）を受領、ノルウェー沿岸で攻撃ならびに対空哨戒をおこなう。その後、五月末までに地中海方面へ向かうハンター、アタッカーと協力してOS77、KMF51船団の支援も実施した。

六月十二日、ポトラックAおよびB作戦。エンペラーとともにナルヴィク港の船舶およびフォッスヴォーゲの製油工場などの攻撃を実施。

十九日、ワンダラーズ作戦。フェンサーとノルウェー沖で対潜作戦を開始。

二十七日、クライドに帰投、修理に入る。

七月十日、ウエスターン・アプローチ北方で対潜作戦実施。二十七日、スカパ・フローへ。

八月一日、キネティク作戦。軽巡ダイアデム、ベローナ、第一〇駆逐隊によるフランス西方沖の敵船団攻撃では対空護衛に従事したが、敵影は見当たらず、戦闘なく帰投した。

十六日、ヴィクチュアル作戦。ヴィンデックスとJW59船団を護衛、北ロシア航路へ。二十五日、コラ到着。二十八日、RA59A船団を護衛し、スカパ・フローへの帰途につく。

九月十六日、リグモロール作戦。カンパニアとJW60船団を護衛し、スカパ・フローから北ロシアへ向かう。悪天候に遭うも戦闘はなく、二十三日コラ着。二十七日、RA60船団を護衛しスカパ・フローへ。ソードフィッシュ艦攻が夜間も対潜警戒をおこない、十月四日、帰着。六日、クライドで修理開始。

三十一日、太平洋艦隊第三〇空母小隊に編入、補給空母として使用されることになった。

スエズ経由でオーストラリアに向け出港。一九四五年一月七日シドニー着。

三月七日、マヌスに向け出港。十九日、マヌスにて交換した機体一八機を収容し、ウルシーに向け出港。二十五日に第五七任務部隊向けに四機、二十八日に沖縄の先島諸島沖で一三機を発艦させ、飛行可能な三機を収容した。その後、アヴェンジャー搭乗員一名をイラストリアスに届け、レイテに向け出港。

四月五日、レイテで交換機一四機を収容、八日補充機一二機を第五七任務部隊、アヴェンジャー搭乗員一名を八五四中隊にそれぞれ引き渡し、飛行可能な不要機四機を収容した。

五月六日、補充機一五機を第五七任務部隊へ引き渡し、フォーミダブルの損傷機三四機を収容してレイテへ向かう。十四日、第五七任務部隊に一四機を引き渡し、飛行可能な不要機一機を収容、十五日レイテで同部隊に六機を補充、飛行可能な一機を収容して二十三日、マヌスに向け出港した。

七月九日、本艦は第一一二任務部隊所属の第三〇空母小隊旗艦となり、アービターとともにマヌスを出港、二十日、第三七任務部隊となった英太平洋艦隊に補充機の引き渡しを完了する。二十七日、スピーカーへも三機を補充した後、八月二日、マヌスで交換機の収容を終え、シドニーへ向かった。終戦となり、シドニー在泊。

九月十八日、シドニーから接収用兵員を輸送して香港入港。十月九日、修理のためシドニー入港。二十六日、これを終えてシンガポールへ。十一月二十四日コロンボ、スエズ運河経由で帰国の途につき、十二月十六日、クライド着。艦艇艤装解除工事に入る。

一九四六年二月十二日、ノーフォークで米海軍に返還。六月三日売却の後、解体された。

◆ハンター

一九四一年五月十五日、パスカグーラのインガルス造船所でＣ３型貨物船モアマックペンとして起工されたが、建造中に米海軍に買収され、護衛空母への改造が決定した。一九四二年五月二十二日に進水、ブロック・アイランド（ＡＶＧ８）と命名された。英海軍への貸与が決定し、当初はトレーラーの艦名が予定された。

一九四三年一月九日、パスカグーラで竣工、英海軍に引き渡されたさいにハンターと命名された。ハル・ナンバーはＤ80。ブロック・アイランドの艦名は米海軍のＡＣＶ21に引き継がれている。

一月三十一日、西インド諸島水域で慣熟訓練を実施、三月五日、ノーフォークからＵＧＦ６船団とともにカサブランカへ向かった。

四月十二日、ダンディー着。英海軍基準の改装工事に着手。これを終えて、クライド水域で戦闘機空母として訓練を続ける。

九月五日、マルタ着。九日、アヴァランチ作戦（サレルノ上陸）参加。八三四、八九九中隊（いずれもシーファイア艦戦）を収容、アタッカー、バトラー、ストーカー、ユニコーンとともに上陸時の戦闘機支援を実施。作戦を終え、三十日帰国。ダンディーにて修理実施。十二月三日に格納庫甲板を損傷し、七日クライドで修理。

一九四四年三月一日、スカパ・フロー着。八〇七中隊（シーファイア艦戦二四）を収容し、戦闘機空母として訓練開始。五月十四日訓練を終え、地中海に向けて出港。

八月十五日、龍騎兵作戦（南フランス解放）に参加。ストーカーと八八・二任務群を編成し、米護衛空母ツラギ、カサーン・ベイとともに戦闘機による上陸支援をおこなった。

出撃は二一九回におよび、二十二日マッダレーナで補給を実施、二十四日作戦海域に復帰した。

八〇七中隊は本作戦で爆撃三六回、偵察戦闘五六回、哨戒戦闘九六回、地上支援四八回、写真偵察一六回、護衛戦闘五五回と活躍し、損失三機、不時着一機、着艦時事故で一一機の犠牲を出した。九月二日、アレキサンドリアに帰港。

一九四四年九月九日、護衛空母サーチャー、キディーヴ、パーシュアーと共に「遠出作戦」に従事、アレキサンドリアを出撃し、エーゲ海で搭載機により上空哨戒をしつつ独船舶の捜索を続行。九月十五日、アレキサンドリア帰港。

九月三十日、エーゲ海にて「第二次遠出作戦」実施。十月二日、哨戒飛行と船団狩りを続行、八〇七中隊のシーファイア艦戦は他の護衛空母のヘルキャット、ワイルドキャット艦戦と協力し、延べ一五〇〇回の出撃をした。本艦のシーファイア艦戦は、本作戦で一三五回出

ハンター

撃し、十月七日小型商船一隻、九日ムロドス沖で六〇〇トン級コンクリート船一隻を撃沈する戦果を挙げて、十一日アレキサンドリアへ帰港した。三十一日、アタッカーと共に帰途につき、十一月十日、英本国へ帰還。

十一月二十九日、東インド艦隊第二一空母隊へ編入、十二月六日、マルタ島着修理。

一九四五年二月二十一日、第八〇七中隊（シーファイア艦戦二四）を収容しセイロン島へ、三月八日、同島トリンコマリへ入港。

四月三十日、ドラキュラ作戦参加、エンペラー、キディーヴ、ストーカーと共にトリンコマリへ出撃、アンダマン海へ、日本重巡「羽黒」の捜索並びにラングーン、テナセリム空襲作戦を実施し、八月、終戦。八〇七中隊退艦。

九月、ジッパー作戦（シンガポール接収作戦）に従事、エンペラー等と共に九月十日、シンガポール入港。

十月九日、英本土帰国。

三十一日、クライド入港。ロシス部隊編入、艦艇艤装解除を開始。

十一月二十八日、ポーツマスへ、十二月二日、同港より米国向け出港。十二月二十九日、ノーフォーク着返還。売却されて商船アルムデイクとなる。

一九六五年十一月二十一日、ヴァレンシア着。同地にて解体。

◆サーチャー

一九四二年二月二十日、シアトル・タコマ造船所でC3型貨物船として起工され、六月二十日に進水したが、このとき既に米海軍への買収が決定していたようだ。艦名は与えられず、補助空母のハル・ナンバーACV22が与えられて、補助空母への改装工事に着手した。七月二十七日米海軍に正式に買収され、一九四三年四月七日に竣工して英海軍に引き渡され、サーチャーと命名した。英海軍での就役月日は翌八日となっている。ハル・ナンバーはD40。

五月二〜十三日、シアトルで英海軍基準の改装工事を施し、六月二日ノーフォーク工廠でさらに近代的な装備を加えて、リヴァプールへ向けて米本土を離れたのは六月二十八日であった。三十日、同港へ向かうHX246船団と合流し、七月十三日リヴァプールへ入港、英海軍基準の最終工事を終えて、ウエスターン・アプローチ部隊に編入されたのは十月六日であった。

十月二十二日、所属飛行隊の八八二中隊（ワイルドキャット艦戦一〇）と八九八中隊（同一〇）を収容し、クライドで訓練に入った。

十月二十二日、護衛行動を開始し、ON207船団、二十八日HX262船団、十一月五

日ＨＸ２６４船団をそれぞれ支援した。十一月十二日、ニューファンドランドのアーゲンティア港着。クライドへの帰路につく。

十二月十九日、クライドからニューヨークへ向かい、一九四四年一月五日、ニューヨークで入渠修理を受ける。二月七日これを終えて、二十二日、リヴァプール着。八八二中隊、八九八中隊を収容し、訓練開始。

三月十八日、本国艦隊編入、スカパ・フローに移動。四月三日、タングステン作戦に参加。空母ヴィクトリアス、フューリアス、護衛空母エンペラー、パーシュアー、フェンサーと共にノルウェーのカーフィヨルド在泊の独戦艦ティルピッツの攻撃を実施。

四月二十六日、リッジ・エーブルおよびリッジ・ベーカー作戦でヴィクトリアス、フューリアス、エンペラー、パーシュアー、ストライカーと共に、ノルウェーのボーデ、ナルヴィク方面の船舶攻撃を実施の予定であったが、ボーデで敵船三隻を撃沈した後、悪天候のため作戦中止となった。

五月六日、クロケー作戦。フューリアスと共にガド、スモーレン島間の船舶攻撃を行ない、悪天候で実施は遅れたが、爆撃と魚雷攻撃でアルモラ（二〇〇〇トン）を撃沈、ザールプルク（七九〇〇トン）を大破、小型船三隻にも損傷を与えたほか、飛来したＢｖ１３８爆撃機二機を撃墜する戦果をあげた。

五月八日、フープス作戦。ゴッセン、クリスチャンサンド北方間の船舶およびクエーンの

サーチャー

油槽、フォセヴァークの魚油工場攻撃をエンペラー、ストライカーと実施、飛来した敵機と交戦、Fw190戦闘機一〇機、Bf109戦闘機二機、飛行艇二機を撃墜したが、ヘルキャット艦戦二機を失った。

五月十三日、ウエスターン・アプローチ部隊に復帰、修理のためロシス工廠に入渠。三十一日、修理を終えクライドへ。

六月十二日、OS80船団、二十二日、地中海へ向かうKMS54船団、帰国したSL161船団およびMKS52船団をそれぞれ護衛し、七月一日、クライドへ帰投。

七月五日、搭載中の八八二中隊と八九八中隊を八八二中隊に統合する。機種（ワイルドキャット艦戦）は変わらず。

七月十五日、H部隊に編入され、地中海西方海域へ向かう。二十五日、マルタ着。第八八任務部隊編入。護衛空母アタッカー、キディーヴ、エンペラー、パーシュアー、ハンター、ストーカーおよび米護衛空母ツラギ、カサーン・ベイと計九隻で編成され、八月二日、マルタ島沖に集結した。

八月十五日、龍騎兵作戦（南フランス解放）に参加。本作戦で英空母航空隊は一六七三回出撃し、五五二回の対空哨戒を実施、敵兵力、鉄道、航空機、沿岸防備施設を攻撃して戦果を挙げた。戦闘で、英軍機二一機、米軍機一四機が失われ、損傷した機体も多く、着艦時の事故も六〇回に達するという激戦であった。サーチャーの飛行隊（ワイルドキャット艦戦二四機）による偵察、爆撃、警戒等の出撃回数は二六回に達した。任務部隊の十六日以降二十二日までの出撃回数は延べ一一五回という連日の奮闘が続いた。

八月二十三日、作戦を終了し帰途につく。今回の作戦で、本艦の飛行隊は一六七回出撃し、戦闘で三機、事故で二機を失った。

九月二日、アレキサンドリア着。エーゲ海での作戦準備に入る。

九月九日、遠出作戦（エーゲ海諸島守備隊・船舶攻撃）にハンター、キディーヴ、パーシュアーと参加。本艦の八八二中隊は他の米国製艦上機と第七海軍戦闘機大隊を編成し、十三、十四日の両日、各四回の出撃をした。

十五日、航空隊はキセラ海峡で機雷掃海に当たるカタリナ飛行艇の護衛に従事。十六日も掃海作戦に協力して警備飛行を続けた。

十七日、飛行隊はスパルタ岬のレーダー施設を爆撃、クレタ島の偵察攻撃実施。数日間同じ任務を続行した。二十一日アレキサンドリアへ帰港。

十月一日、ジブラルタルへ向かい、八日同地を経てベルファストへ。

十月十二日、八八二中隊をバリーハルバートで陸揚げし、十三日ベルファスト経由でクライドへ、修理に入る。

一九四五年一月二十九日、修理を終え、本国艦隊編入。八八二中隊（ワイルドキャット艦戦一〇）復帰し訓練再開。

三月四日、スカパ・フロー着。七四六A中隊（ファイアフライ夜戦二）収容。

三月二十日、キューポラ作戦（ノルウェー・オラネスンド機雷敷設）にプレミアー、クイーンと従事、艦戦による沿岸砲台、哨戒艇攻撃実施。

三月二十六日、プリフィクス作戦（トロンハイム船舶攻撃）にクイーンと参加するも目標見当たらず、敵機と交戦、Bf109戦闘機三機撃墜、二機損傷。

四月六日、ニューマーケット作戦（キルボトンUボート補給船基地攻撃）にパンチャー、クイーン、トランペッターと参加したが、悪天候にて成果なし。

五月四日、ジャッジメント作戦（前記作戦再実施）にトランペッター、クイーンと参加。潜水艦U711、補給船ブラック・ウォッチ撃沈。補給船センヤ大破の戦果を挙げた。

五月六日、クリーヴァー作戦（デンマーク・コペンハーゲン解放）にトランペッター、クイーンと参加。艦戦隊は多数のＪｕ88爆撃機と交戦したが、制圧できず。五月十日、スカパ・フロー帰投。

五月十五日、修理のためクライド工廠入り。

七月一日、東インド艦隊第二一航空戦隊編入。コーチン、コロンボ経由でセイロン島トリンコマリ向け出港。八月、終戦。

九月十九日、トリンコマリ出港。本国へ。

十月九日、クライド着、八八二中隊解隊、陸揚げ。艦艇艤装解除開始。

十一月十四日、米国向け出港。二十九日、ノーフォーク工廠着、返還。後、売却されて商船キャプテイン・テオとなる。一九六四年、オリエンタル・バンカーと改名。

一九七六年四月二十一日、台湾着。同地にて解体。

◆ラヴィジャー

一九四二年四月三十日、シアトルのシアトル・タコマ造船所でＣ３型貨物船として起工されたが、五月一日に米海軍が取得して補助空母（ＡＣＶ）へ改造が決定しＡＣＶ24のハル・ナンバーが与えられた。艦名はチャージャーが予定されていたといわれる。七月十六日に進水したが、既に英海軍への貸与は決定していたのであろう。一九四三年四月二十五日（造船所はこの日に完成就役としている）に英海軍に引き渡され、ラヴィジャーは四月二十六日竣

ラヴィジャー

工として英艦籍（D70）入りをした。
五月二十五日、ニューヨーク向け出航。七月二日、ノーフォークで最初の航空隊七四三中隊（アヴェンジャー艦攻一二）を受領、これを輸送しながら本国へ向かうことになった。七月十三日、ニューヨーク着。十五日、HX28船団と共に英本国へ。二十七日、マクリハニッシュ英海軍航空基地に航空隊を陸揚げし、二十八日グリーノック着。同日付でウエスターン・アプローチ部隊に編入され、クライドを基地、アイリッシュ海を訓練場とする発着訓練の練習空母として使用されることになった。
十月、訓練用の八〇四中隊（ヘルキャット艦戦一〇）受領。
十一月二十九日、護衛空母プレトリア・カースルと衝突し、修理のためクライド工廠に入渠。

十二月八日、発着艦訓練再開。

一九四四年四月十八日、クライドで輸送空母への改装工事を施すが、五月一日、発着訓練を再開。

十月二十日、航空機を搭載し、KMF35A船団と共にジブラルタルへ。二十五日、ジブラルタル着。二十八日、GUF15B船団とノーフォーク、ヴァージニア向け出港。十一月二十六日、ノーフォーク工廠、ニューヨークを経由して帰国。ベルファスト入港。

十二月一日、ロンドンで修理、これを終えて十九日、ロシスに向け出航。二十二日、ロシス着。発着訓練を再開。

一九四五年一月四日、ASDIC使用の対潜訓練に従事。

一月二十八日、商船ベン・ロモンドと衝突。修理のため、二月十一日、ロシス工廠入り。

二月二十七日、発着訓練を再開。

十二月二十八日、飛行訓練作業終了。

一九四六年二月二十七日、米ノーフォークにて米海軍に返還。売却されて商船ロビン・トレントとなる。後、トレントと改名。

一九七三年七月七日、台湾着。同地にて解体。

本艦は、護衛空母として建造されたが、実戦には一度も参加せず、空母搭載機の発着訓練と、航空機の輸送に従事して、大戦を通り抜けた珍しい空母である。本艦は最初チャージャーと命名される予定であったといわれるが、米海軍のチャージャー（AVG30）も大戦中、発着艦訓練任務に服し、一度も実戦に参加しなかった。艦名に因んだ不思議な因縁といえようか。

（注）アタッカー級は以前、インガルス社およびウエスターン・パイプ&スティール社製の八隻となっていたが、九〇年代以降の英資料では、トラッカー、サーチャー、ラヴィジャーはタコマ社製で、ルーラー級とされていた三隻もアタッカー級に含めており、本書もそれに従った。

第7章　ルーラー級

英海軍に貸与された米国製護衛空母の最終グループが、ルーラー級（スマイター級とも呼称される）である。米海軍のボーグ級後期型（プリンス・ウイリアム級）に相当し、アタッカー級より排水量も若干増え、搭載機数も増したが、飛行甲板、格納庫の寸法は変わらず、戦闘機九機、攻撃機一五機が標準編成である。いずれもシアトルのタコマ社製で、搭載機も米国製機が主力となっている。大戦後期にかけて、船団護衛に限らず、要地攻略支援など広く活躍をした。戦局も好転した時期に就役したこともあって、戦没艦は一隻もなく、戦後全艦が返還された。

装備面でも、アタッカー級とルーラー級では多くの相違があり、新しい機器が採用された。レーダーについても、アタッカー級は受領後英国製のものを装備したが、ルーラー級は米国で装備した対水上用ＳＧレーダー、対空用ＳＫレーダーを使用したし、射撃管制用のレーダーも同様であった。

カタパルトもルーラー級は米国製の改良されたH・4C型を装備した。従来は風力が弱い時、ソードフィッシュやシーファイアのような重い機体では発艦に際し補助ロケットを必要としたが、強力なこのカタパルトはそれを不要としたばかりか、アヴェンジャーのようなさらに重い機体さえ発艦可能となった。本機の運用にはエレベーターも大型になり、米国製の艦上機を使用するには、それに適った機器を使用せざるを得ず、格納庫も広くなった。兵員もこれらの操作に慣れる必要があり、それを習得するため米国へ派遣される者も出て来た。

ルーラー級の標準的な要目は次のとおり。

基準排水量一万一四〇〇トン、搭載排水量一万五三九〇トン、全長一五〇・五メートル、幅二三・三メートル、吃水八・九メートル、飛行甲板一三七・二メートル、幅二四・四メートル。

主機アリス・チャルマーズ式オール・ギヤード・タービン一基／一軸、フォスター・ホイーラー式水管缶二基、出力八五〇〇馬力、速力一八ノット、燃料搭載量三一六〇トン、航続力一五ノット／二万三九〇〇海里。

兵装一二・七センチ単装両用砲二基、四〇ミリ連装機銃八基、二〇ミリ連装機銃一四基、同単装機銃七基、搭載機二四機、カタパルト一基。乗員六四六名。

格納庫長さ七九・二メートル、幅一八・九メートル、搭載航空燃料三万六〇〇〇ガロン、エレベーター二基（前部一二・八×一〇・四メートル、後部一〇・四×一二・八メートル）、カタパルトH・4C型一基。

装甲は爆弾庫にスプリンター防御が施され、着艦制動索は九基、九トン／七四ノットの機体拘束力あり。バリヤー三基装備。

航空機は作戦時最大三〇機、輸送時最大九〇機の搭載が可能であった。

◆スリンジャー

本艦は一九四二年五月二十五日、米シアトル・タコマ造船所でC3型貨物船として起工された後、米海軍に買収されて、十二月十五日進水、護衛空母チャタム（CVE32）と命名された。一九四三年八月十一日竣工、英海軍に引き渡され、スリンジャー（D26）と改名した。

九月二十九日、パナマ運河を通過し、十月六日ノーフォーク工廠着、ウエスターン・アプローチ部隊への編入が決まり、輸送空母として使用されることになった。十月九日、第一八三〇中隊（コルセア艦戦）を収容し、十五日ニューヨーク経由で英本国へ向かった。三十一日、ベルファスト着、輸送した機体を陸揚げし、最初の任務を果たした。

十一月二十日、チャタム工廠着、英海軍基準の改装工事に入る。一九四四年二月五日、これを終えて同工廠を離れたが、メドウェイ河で触雷し、チャタムへ戻り修理に入る。その際、前部エレベーターをテームス工廠で修理中のストーカーに移すなど、竣工を急ぐ空母に利用

スリンジャー

され、二月十二日以降はロンドン造船所に移って工事を続けた。十月十七日、ようやく修理を終え、クライドに向け出港した。

十一月三日、アボットシンチ航空基地の第七六八中隊の母艦発着訓練に従事。

一九四五年一月十一日、英太平洋艦隊で航空機補給任務に従事することになり、クライドで第一八四五中隊（コルセア艦戦二四機）を搭載し、ジブラルタル、ポートサイド、コロンボ各基地への航空機輸送を開始した。

二月二十二日、シドニー着。三月十一日、マヌス島前進基地へ向け出港。同基地の基準兵力はコルセア艦戦一〇、ヘルキャット艦戦七、シーファイア艦戦三、アヴェンジャー艦攻一、ファイアフライ艦戦一の二二機とされ、その輸送であった。本艦は太平洋艦隊第一一二任務部隊をスピーカー、ルーラー、ストライカー、チェイサーと五隻で編成していた。

三月十九日、マヌス島発、レイテへ。二十六日、レイテ湾着。二十九日、補給機二五機を搭載し、レイテ出港。四月五日、第五七任務部隊の艦隊空母に二二機を引き渡し、修理機二機を収容、四月八日、レイテ着。七月九日、シドニー入港。

八月、終戦。香港からオーストラリアへ日本軍捕虜となった英軍将兵の帰還輸送に従事。十月、シドニーで修理。十一月十日、兵員輸送しつつ、コロンボ経由で英本国へ。十二月二十四日、デヴォンポート工廠入渠。

一九四六年一月十六日、クライドで艦艇艤装解除。二十五日、米国向け出港。二月二十七日、ノーフォークにて米海軍へ返還。売却後改造し、商船ロビン・モウブレイとなる。一九七〇年一月二十九日、台湾着。解体。

◆アシリング

一九四二年六月九日に米シアトル・タコマ造船所でC3型貨物船として起工後、米海軍に買収され、九月七日進水して米補助空母グレーシアー（ACV33）と命名され、工事はピュゼット・サウンド工廠に引き継がれた。一九四三年七月三日、英海軍へ貸与が決定し、八月一日竣工。ヴァンクーバーで改修工事を施し、十月二十八日、英海軍に引き渡されてアシリング（D51）と改名した。慣熟訓練を終え、十二月二十二日ニューヨーク着、一九四四年一

アシリング

月一日、第一八二八中隊（コルセア艦戦一〇機）を受領、ベルファストまで輸送しつつ帰国した。

一月十日、クライドにて戦闘機空母として装備される。二月二十六日、第八二二、八二三中隊（バラクーダ艦爆）および一八三七、一八三八中隊（コルセア艦戦）を収容し、東洋艦隊向け輸送開始。三月三日ポートサイド向けKMF29A船団を護衛、二十三日スエズ運河通過、二十八日アデンからコロンボまでAJ2船団を護衛、四月九日マドラスまでJC34A船団を護衛、四月十一日、搭載機をすべてセイロンで陸揚げするも、四月十六日、CJ23B船団をコロンボまで護衛。五月十三日、第八八九中隊（シーファイア艦戦）、八九〇中隊（ワイルドキャット艦戦）を収容し、戦闘機空母として活動を開始した。

六月十日、評議員作戦。米海軍のマリアナ作戦に呼応し、空母イラストリアスと共にインド洋で日本軍に対する陽動作戦を実施。

七月二十一日、第八一八中隊（ソードフィッシュ艦攻）を収容し、航路防衛に従事。

八月二十五日、セイロン島トリンコマリから第一八三八中隊（コルセア艦戦）を南アフリカ海軍航空基地への輸送作戦に従事。九月二日モーリシャス、九月十二日ケープ・タウン着。十月六日、コーチン海軍基地にて第八一八中隊を陸揚げし、任務完了。

十月十日、トリンコマリ着。東洋艦隊の輸送空母となる。十二月八日、米海軍に貸与され、米海軍機輸送に従事。シドニー向け出港。

一九四五年二月四日、航空機を輸送してマヌス島、二月十五日パール・ハーバー入港。

八月、終戦。八月二十三日米ヴァージニア州ノーフォーク着、九月三日トリニダッド着、九月十六日デヴォンポートにて給油、引揚輸送任務につく。十二月三日コロンボ、二十三日ウエリントン着。二十七日以降、シドニー、フリーマントル、アデンの引揚輸送に従事し、一九四六年二月十日、デヴォンポート着。

十一月、返還のため艤装解除し、十二月十三日、ノーフォークで米海軍に返還。

一九五〇年に売却され、商船ローマとなる。一九六七年十一月二日、イタリアにて解体。

◆エンペラー

一九四二年六月二十三日、米シアトル・タコマ造船所でC3型貨物船として起工、建造中を米海軍に買収され、十月七日進水し補助空母ピイバス（ACV34）と命名、工事はピュゼット・サウンド工廠に引き継がれ一九四三年五月三十一日竣工、数日間米艦籍にあり、八月六日、ニューヨークで英海軍に引き渡されてエンペラー（D98）と改名した。九月三日クライド着、ウエスターン・アプローチ部隊に編入、九月七日、クライドで英海軍基準に改装、第八〇〇中隊（ヘルキャット艦戦一〇）および八〇七中隊（同）を収容、訓練を開始した。

一九四四年三月十八日、強襲用護衛空母として本国艦隊編入。三十日、タングステン作戦（ノルウェー在泊の独戦艦ティルピッツ攻撃）に参加。他の空母と共にボーデ、クリスチャンサンド、ナルヴィク方面の船舶攻撃を予定したが悪天候にて中止。

五月二十三日、WA部隊に復帰。SI158船団およびMKS48船団護衛。

六月十八日、第八〇四中隊、八〇〇中隊に併合され、第八〇〇中隊はヘルキャット艦戦二四機編成となる。

七月十五日、第七〇〇中隊よりウォーラス飛行艇一機を受領し、地中海へ。

八月十二日、龍騎兵作戦（南フランス上陸）参加のため、第八八・一任務群に編入。第八八・二任務群と併せ、英米海軍の護衛空母九隻が本作戦に従事、十六日から上陸部隊の掩護、敵沿岸防備隊、輸送部隊への攻撃などを実施した。九月二日、アレキサンドリア帰港。

九月十四日、エーゲ海に進出、十六～十九日、遠出作戦（ミロス付近の船舶攻撃、クレタ島の輸送車両部隊攻撃、ロデス付近の船舶攻撃を実施）、二十一日、アレキサンドリア帰港。

エンペラー

九月三十日〜十月一日、第二次遠出作戦（エーゲ海船舶攻撃）、三日、爆撃で小型船艇を炎上させ、四日、クレタで地上のJu52一機を銃撃破す。アレキサンドリア帰還。

十月八日、アレキサンドリア出撃。十一日、船舶攻撃、揚陸艇、小型船などを大破させるが、ヘルキャット艦戦一機を対空砲火で失う。十二日、ローデスのプリミリ・レーダー基地を爆撃破壊。十三日、アレキサンドリアへ帰還。

十四日、マナ作戦。エーゲ海にてアテネ奪還支援、十五日、陸上輸送部隊、沿岸小型船舶、交通路などを攻撃、十七日ヘルキャット艦戦一機、オリンパス山に不時着、十九日ヘルキャット艦戦八機にてミロス・レーダー基地爆撃破壊。二十六日、侮辱作戦。ミロス占領支援。

エーゲ海の一連の作戦で、エンペラーの第八〇〇中隊は四三三回の出撃をしたが、これは参加護衛空母中で一番多かった。唯一のウォーラス飛行艇も偵察と救助に活躍をした。

十一月三十日、本国帰還。ニューポートにて修理。

一九四五年三月一日、修理完了、東インド艦隊第二一空母戦隊編入。第八〇〇中隊（ヘルキャット艦戦）収容、三月二十五日、コロンボ着。

四月四日、サンフィッシュ作戦。護衛空母キディーヴと共にポート・スウェッテンハム偵察撮影、エマハーヴェン攻撃。第八〇〇中隊は八〇八中隊（ヘルキャット艦戦）と八四五中隊（アヴェンジャー艦攻）により増勢される。

四月二十一日、ドラキュラ作戦。キディーヴ、ハンター、ストーカーと共にビルマのラングーン、テナセリム沿岸を攻撃。

七月二日、コリー作戦。アミアーとニコバル諸島攻撃ならびにプーケット島沖掃海部隊支援、第一七〇〇中隊のウォーラス飛行艇一機が第八〇〇中隊に加わる。

八月、終戦。九月四日、ジッパー作戦（シンガポール接収）。九月十日、第二一空母戦隊シンガポール沖ケッペル港入泊。

十月三十日、コロンボ、ボンベイ経由で本国向け出港。十二月四日、クライド着。艦艇艤装解除工事に入る。

一九四六年一月八日、プリマス着。二十三日、米国向け出港。二月十二日、米ノーフォークにて米海軍に返還。その後、売却され解体された。

本艦は護衛空母（新造時は補助空母）として、英海軍に貸与される前にピイバスと命名され、数日間米海軍籍（艦長着任）にあり、英海軍に引き渡されてエンペラーと命名される前にスティンガーの艦名が予定されるなど、複雑な艦名歴を持っていた。

搭載機もヘルキャット艦戦、アヴェンジャー艦攻など、米国製の援英機でほぼ占められており、国産機はソードフィッシュ艦攻とウォーラス飛行艇が短期間使用された程度で、大戦後期は艦、機共に米海軍のものが主力となっていた。

なお、ルーラー級は後期ボーグ級であるが、同型で米海軍に一隻だけ残されたのがプリンス・ウイリアム（ACV31）であり、プリンス・ウイリアム級と呼ばれることもある。

◆アミアー

一九四一年十二月十七日、C3型貨物船の米海軍徴用が認可され、一九四二年七月十八日、シアトル・タコマ造船所にて起工した。十月十八日進水して、バフィンズ（ACV35）と命名、一九四三年六月二十八日竣工した。ピュゼット・サウンド工廠にあり、七月十五日、艦種を護衛空母（CVE35）に改めたが、十八日カナダ・バンクーバーに回航され、十九日、英海軍に貸与引き渡され、二十日、アミアー（D01）と改名した（英海軍の記録では同日竣工）。その後補修のため数ヵ月バンクーバーに在泊した。

一九四四年一月二日、ニューヨークからクライドに回航され、強襲用空母に改装され、五月六日、東洋艦隊に編入、六月二十七日、セイロン島トリンコマリに回航された。

主として航空機輸送に従事していたが、八月インド洋の船団護衛に参加することになり、七月二十六日、八四五中隊（アヴェンジャー艦攻一二）を収容した。十二月二十九日、八四

アミアー

五中隊を陸揚げし、一九四五年一月十八日、八〇四中隊（ヘルキャット艦戦二四）を収容、戦艦クイーン・エリザベス、軽巡フィービと共にマタドール作戦（ラムリー島上陸）に従事した。

一月二十六日、サンケイ作戦（チェジュバ島英海兵隊上陸）支援、八〇四中隊は戦闘と哨戒に従事したほか、僚艦エンプレスの八八八中隊（偵察用ヘルキャット艦戦）の北スマトラ、ピナン等の写真偵察の護衛を実施した。

三月一日、八〇四中隊、日本機三機を撃墜。

六月十八日、八八八中隊（偵察用ヘルキャット艦戦八）を収容、バルサム作戦（南部マレー半島の飛行場偵察と攻撃）実施。

七月五日、八九六中隊（ヘルキャット艦戦）収容、コリー作戦（ニコバル島攻撃および掃海支援）実施。

七月二十四日、リヴェリィ作戦（マレー半島北部攻撃および掃海作戦支援）のため一七〇〇中隊の探索救助用飛行艇ウォーラス一機を八〇四中隊に編入、本艦とエンペラーのヘルキャット艦戦は、三日間で一五〇回の出撃をし、地上の日本機三〇機以上、列車、輸送路を破壊した。

七月二十六日、ベンガル湾で神風攻撃を受けるが、対空砲火で一機を撃墜した。

八月、終戦。九月八日、ジッパー作戦（シンガポール、マレー半島接収）に八〇八中隊（ヘルキャット艦戦）および一七〇〇中隊（ウォーラス飛行艇）派遣。

十月三十日、本国向け出港。十一月十八日、クライド着。艦艇艤装解除工事開始。十二月二十二日、米ヴァージニア州ノーフォーク向け出港。

一九四六年一月十七日、ノーフォークにて米海軍に返還。九月十七日、売却され商船に改造。一九四八年、ロビン・カークと改名、一九六九年、台湾にて解体。

◆ビーガム

一九四一年十二月十七日、C3型貨物船を米海軍徴用。一九四二年八月三日起工（以下、いずれもシアトル・タコマ造船所建造にて、造船所名省略）。

十一月十一日進水、ボリナス（CVE36）と命名、一九四三年七月二十二日竣工。八月二日、英海軍へ貸与、ビーガム（当初予定艦名チャスタイザー）と改名、バンクーバーで受領したが、補修工事に入り、十一月二十二日完了。

一九四四年一月四日、パナマ運河通過、一月十九日、ニューヨークにてリヴァプール向け

ビーガム

の一八三七、一八三八中隊のコルセア艦戦二四機を搭載して、米本土を離れ、英本国へ。

二月一日、クライド工廠にて補修と追加艤装工事実施。

三月三日、東洋艦隊第一空母隊に編入。八一五中隊（バラクーダ艦攻一二）、八一七中隊（バラクーダ艦攻一二）、一八三九中隊（ヘルキャット艦戦一〇）、一八四四中隊（ヘルキャット艦戦一〇）、一八三二C中隊（ウォーラス飛行艇四）を搭載し、セイロン島コロンボ向け輸送任務に就く。

四月二十六日、コロンボ入港、航空機陸揚げ。

六月十一日、八三二中隊（アヴェンジャー艦攻一二、ワイルドキャット艦戦四）収容し、インド洋対潜作戦実施。

一九四五年一月十六日、コロンボ出港、本国へ。

二月二十日、クライド工廠へ。太平洋艦隊で輸送空母として使用されることになり、その改装と修理に着手。

四月十七日、太平洋艦隊編入。七二一中隊（バルティ・ベンジャンス急爆）、一七〇一中隊（シー・オッター飛行艇）を搭載し輸送。

六月五日、シドニー着。機体陸揚げ。

六月十五日、艦隊空母補給用機を輸送してマヌス島着。七月二日、セイロン島トリンコマリを基地として東インド艦隊の空母搭載機発着艦訓練実施。八月、終戦。十月二十三日、セイロン出港、本国へ。

十一月十日、クライド着。艦艇艤装解除工事開始。十二月十一日、ポーツマス経由にて米国向け出港。

一九四六年五月一日、ノーフォークにて米国へ返還。

一九四七年四月十六日、売却されて商船ラキとなる。一九六六年、イーマンと改名。一九七四年、台湾にて解体。

◆トランペッター

一九四一年十二月十七日、C３型貨物船を米海軍徴用。一九四二年八月二十五日起工。十二月十五日進水、バスチアン（CVE37）と命名。進水後ポートランドのコマーシャル・アイアン・ワークスに移動、工事を続ける。一九四三年八月四日竣工。同日英海軍貸与、トランペッター（D09）と改名。

八月二十六日ノーフォーク向け出港、十月六日ノーフォーク着。英国向けの八四八中隊

（アヴェンジャー艦攻三）、一八三一および一八三二中隊（コルセア艦戦各一〇）の機体を搭載。十月二十三日、ニューヨーク経由で英本国へ。

十一月一日、ベルファスト着。機体陸揚げ。ウエスターン・アプローチ部隊編入。輸送空母としてニューヨークとクライド間の航空機輸送に従事。

一九四四年二月四日、ダンディーにて修理。

五月二十一日、ロシス工廠にて英海軍基準の改装工事開始。

六月四日、本国艦隊編入、八四六中隊（アヴェンジャー艦攻、ワイルドキャット艦戦）を搭載し発着艦訓練。七月十八日、クライドにて補修整備。八月一日、スカパ・フロー着。

八月八日、八四六中隊（アヴェンジャー艦攻一二）を収容し、本国艦隊のノルウェー・ゴッセン飛行場攻撃に参加。

八月二十二日、空母フォーミダブル、フューリアス、インディファティガブル、護衛空母ネイバブと共にグッドウッド作戦（ノルウェー・カーフィヨルドの独戦艦ティルピッツ攻撃）に参加。

九月二十八日、スカパ・フロー出港。八四六中隊、八五二中隊（アヴェンジャー艦攻八）によるノルウェー沿岸諸作戦に従事。

十月十三日、二十三日、ノルウェー沖機雷敷設作戦実施。二十九日、クライド着。修理に入る。

1944年、ノルウェー沖のトランペッター。甲板上に846中隊のアヴェンジャー艦攻が固縛されている

十一月二十四日、スカパー・フロー入港。

十二月十二日、八八一中隊（ワイルドキャット艦戦二〇）収容し、ノルウェー沖諸作戦実施。十四日、機雷敷設作戦中に独Ju88爆撃機の攻撃を受けるが対空砲火で一機撃墜。悪天候のため、甲板上の一機海上に失う。

十二月二十一日、八四六（アヴェンジャー艦攻、ワイルドキャット艦戦）、八八一中隊（ワイルドキャット艦戦）によるノルウェー沖船舶攻撃が計画されたが、船舶見当たらず中止。

一九四五年一月十二日、護衛空母プレミアーとノルウェー・エゲルスンド沖で水上部隊の独船団攻撃支援と対潜警戒。飛来したJu88一機を撃墜し、掃海艇一隻を撃沈、三〇〇〇トン級独船一隻に損傷を与えた。

一月十三日、ハウゲスンド沖にて機雷敷設作戦支援、帰途戦闘機隊はウツイラ・レーダー基地を攻撃した。二月五日帰国、クライド工廠にて修理。

三月十三日、八四六中隊（アヴェンジャー艦戦）を搭載、コラ向けJW65船団、帰路RA65船団を護衛。

四月六日、護衛空母パンチャー、クイーン、サーチャーとキルボトンのUボート補給艦隊攻撃を予定したが、数日悪天候が続き作戦中止となった。

五月四日、天候回復し作戦実施、五〇〇〇トン級独船ブラック・ウォッチ、ノルウェー船センヤ、U711を撃沈、敵機三機撃墜の戦果を挙げた。これがヨーロッパでの本国艦隊最後の戦闘となった。

五月六日、連合軍によるデンマーク解放作戦支援。ヨーロッパでの戦闘終了。

五月十五日、クライドにて修理。

七月七日、東洋艦隊編入、コロンボへ。セイロン島向けバラクーダ艦爆一二機を輸送。

七月三十日、コロンボ着。セイロン水域での練習空母となり、発着艦訓練に従事。

九月四日、東洋艦隊水域での航空機輸送任務に従事。ポート・スウェテンハム、シンガポール、トリンコマリ、ボンベイ各地への輸送を実施し、十二月九日コーチン着。

一九四六年一月三日、コロンボ入港。

一月六日、ボンベイ、スエズ、マルタ、ツーロン経由で英本国へ。二月十日、クライド着。艦艇艤装解除工事開始。

四月六日、米ノーフォークにて米海軍に返還。売却されて商船アルブラッセルディクとなる。一九六六年、イレネ・ヴァルマスと改名。一九七一年、五月一日、カステリヨンで解体。

◆エンプレス

一九四一年十二月十七日、Ｃ３型貨物船を米海軍徴用。一九四二年九月九日起工、十二月三十日進水、カーネギー（ＣＶＥ38）と命名、一九四三年八月九日竣工。八月十二日、英海軍貸与。エンプレス（Ｄ42）と改名。バンクーバーにて英海軍基準に改装。

一九四四年二月十七日、ニューヨーク向け出港。三月二十六日、八五〇中隊（アヴェンジャー艦攻）を搭載輸送してニューヨーク出港、四月八日、クライド着。四月十一日、ウエスターン・アプローチ部隊に編入されるが、クライドおよびロシスにて修理を続ける。

一九四五年一月六日、東インド艦隊編入。ＫＭＦ38船団を護衛してジブラルタルへ。二月四日、トリンコマリ着。第二一航空戦隊編入。二月二十二日、八四五中隊（アヴェンジャー艦爆八、ヘルキャット艦戦一二〈内写真偵察八〉）を収容し、護衛空母アミアーと共にスマトラ、クラ地峡方面写真偵察実施（スタッセイ作戦）。

四月二十七日、護衛空母シャーと共に、八〇四中隊（ヘルキャット艦戦二〇）および一七〇〇中隊（ウォーラス飛行艇）により、ニコバル、アンダマン諸島、ビルマ沿岸攻撃実施（ビショップ作戦）。

七月十九日、護衛空母アミアーと前記中隊によりマレー半島北部攻撃とプーケット島沖の掃海を支援（ライブリー作戦）

エンプレス

八月、終戦。九月八日、八九六中隊（ヘルキャット艦戦二四）と一七〇〇中隊（ウォーラス飛行艇一）でシンガポール接収（ジッパー作戦）。

九月十日、護衛空母キディーヴ、アミアー、エンペラー、ハンター、ストーカーと共にシンガポールのケッペル港に入泊。

十月十一日、セイロン島コロンボ入港。

十一月二十三日、ニュージーランド北島ウェリントン入港。二十二日、コロンボ帰港。

十一月二十七日、英本国へ。十二月十九日、クライド着。艦艇艤装解除工事開始。

一九四六年一月六日、米国向け出港。二月四日、米ノーフォーク着。米海軍に返還。六月二十一日、売却後解体。

◆キディーヴ

一九四一年十二月十七日、C3型貨物船を米海軍徴用。一九四二年九月二十二日起工。一九四三年一月三十日進水、コ

キディーヴ

ルドヴァ（CVE39）と命名。同年八月二十五日竣工。同日、英海軍貸与。キディーヴ（D62）と改名。バンクーバーにて英海軍基準に改装。九月二十四日、ノーフォーク向け出港。十一月一日、八四九中隊（アヴェンジャー艦攻一二）、一八三四中隊（コルセア艦戦一〇）を搭載輸送し、英本国へ。十一月十六日、リヴァプール入港、機体はスペイクにて陸揚げ。

十一月二十一日、ウエスターン・アプローチ部隊に編入。ロンス工廠にて強襲空母に整備。

一九四四年三月二十二日、商船スチュアート・クイーンと衝突、四月二十七日、クライドにて修理。

五月十五日、工事終え、スカパ・フローへ。八九九中隊（シーファイア艦戦二六）収容。

八月十五日、護衛空母アタッカー、エンペラー、パーシュアー、サーチャーと八八・一任務群を編成、南フランス上陸戦（龍騎兵作戦）に参加。十六日、八九九中隊は沿岸砲台や行動中の部隊に急降下爆撃を行ない戦果を挙げたほか、哨戒戦闘や戦術偵察も実施した。

八月二十三日、ローネ渓谷で輸送部隊を攻撃。この戦闘で航空隊は延べ二〇一回出撃し、五〇〇ポンド爆弾九四、二五〇ポンド爆弾四四を投下した。

九月二日、アレキサンドリア入港、エーゲ海作戦の準備に着手。

九月九日、エーゲ海水域の独船舶・諸施設攻撃作戦（遠出作戦）を護衛空母サーチャー、パーシュアー、ハンターと実施。本艦の八九九中隊（シーファイア艦戦）と共に第四飛行大隊を編成、第七飛行大隊（ヘルキャット、ワイルドキャット艦戦）と共に出撃し敵船舶、基地守備隊等を銃撃した。

十月八日ジブラルタル帰港、十二日ベルファスト着、二十三日ロンドン回航、機関損傷修理実施。

一九四五年一月十一日、東インド艦隊第二一航空戦隊編入、第八〇八中隊（ヘルキャット艦戦二四）収容、現地向け出港。

一月二十四日、スエズ着。二月三日コーチン（インド）経由で十一日トリンコマリ（セイロン島）着。インド、セイロン島間の航空機輸送に従事。

四月十一日、サンフィッシュ作戦に、護衛空母エンペラーと参加。第八〇八中隊（ヘルキャット艦戦）はポート・スウエッテンハムの写真撮影実施。

四月三十日、ドラキュラ作戦、第二一航空戦隊（本艦、エンペラー、ストーカー）は軽巡ロイヤリスト（旗艦）と共にビルマのラングーン、テナセリム沿岸を攻撃。第一七〇〇中隊のウォーラス飛行艇一機が派遣され、本作戦中、偵察・救助任務に従事した。

五月十日、重巡「羽黒」探索作戦に参加したが、発見できず。

六月十八日、バルサム作戦、護衛空母アミアー、ストーカーと共に、マレー半島南部写真偵察とスマトラ飛行場攻撃に参加。

八月十日、トリンコマリ出港。マレー半島ペナン攻略作戦に参加。十五日、終戦。

九月八日、ジッパー作戦（マレー半島およびシンガポール接収）に参加。十日、エンペラー、ハンター、ストーカーと共にシンガポール入港。

九月十三日、トリンコマリ経由ダーバン向けシンガポール出港。十月七日ダーバン着。十一月十二日コロンボ入港。十三日、第八〇八中隊（ヘルキャット艦戦）収容。英本国向け出港。

十二月五日、八〇八中隊解隊、陸揚げ。

八日、クライドにて艦艇艤装解除工事着手。

一九四六年一月四日、カナダ・ハリファクス向け出港。十五日、米ノーフォーク向け出港。一月二十六日、米ノーフォークにて米海軍に返還。一九四七年一月二十三日、売却。商船レンパンとなる。一九六八年、ダフネと改名。

一九七六年一月二十日、ガンドリア着、解体。

◆スピーカー

一九四二年十月九日、C3型貨物船としてシアトル・タコマ造船所で起工されたが、米海軍に四三年度予算で買収され、護衛空母（CVE）への改造が決定。一九四三年二月二十日に進水し、デルガダ（CVE40）と命名。工事はウイラメッテ鉄鋼社にて続けられ、同年十一月二十日竣工。同日シアトル、タコマ造船所にて英海軍に貸与され、スピーカー（D90）と改名した。

十二月八日、バンクーバーで英海軍基準に改装。

一九四四年一月二十五日、ノーフォーク向け出港。三月八日、護衛空母エンプレスよりアヴェンジャー艦攻一機飛来し初着艦。十七日、ノーフォーク工廠着、修整工事を実施しニューヨーク経由にて帰国。

三月二十五日、ウエスターン・アプローチ部隊に輸送空母として編入、米スタテン島にて輸送機体八二機、軍需品、民間人を収容、リヴァプールへ輸送。四月八日、リヴァプールで輸送物を下ろし、グラッドストーン・ドックに入渠。十三日、ノーフォークにて輸送用機体を集めて、リヴァプールへ搬送。

五月十七日、ガレロックにて強襲空母への予備工事開始。二十八日、ダンディにて最新式装備を含む大規模な改装工事が実施された。二七七型レーダー、最新通信設備、新作戦指揮室、二〇ミリ連装機銃、陸軍強襲部隊収容施設などが付加され、艦橋も新式化された。九月

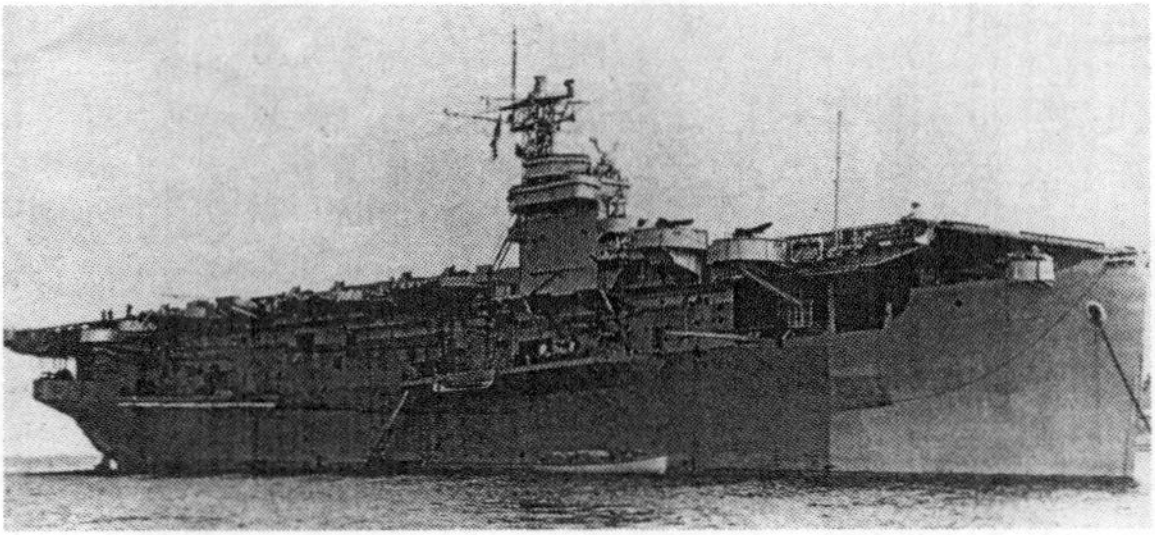

スピーカー

十二日、ロシス工廠にて細部の修理を含む仕上げ工事を終え、復帰した。

九月十九日、ウエスターン・アプローチ部隊に戻り、クライド水域で発着艦訓練の練習空母を務めた。

十二月十六日、ベルファスト着。一八四〇中隊（ヘルキャット艦戦二四）収容。十九日、クライド水域での訓練完了。二十五日、グラスゴー工廠にて修理。

一九四五年一月十一日、護衛空母キディーヴ、スリンジャー、駆逐艦三隻と合同しアレキサンドリア向け出港。

一月十七日、北アフリカ沖にUボート出没し、スリンジャーと共にロケット弾装備の哨戒機を発進させ、警戒に当たる。二十二日アレキサンドリア、スエズ経由でトリンコマリ向け出港。インド洋航行中、着艦事故あり、搭乗員一名と搭載機六機を失う。

二月四日、先の事故にもとづき、コロンボにて搭乗員、キディーヴから搭載機の補充を受ける。スリンジャーと共にシドニーへ向かう。途上、オーストリア西方海上で、雷撃を受けたリバティー船の乗員探索を支援。

二月二十三日、シドニー着。一八四〇中隊をバンクスタウン基地へ移す。英太平洋艦隊と協力し、地域航空作戦の支援に従事。ボイラーの清浄実施。

三月九日、シドニー発、マヌス島前進基地へ向かい、一八四〇中隊収容。十七日マヌス島発、ウルシー諸島へ。

三月十八日、米軍沖縄進攻作戦支援。ヘルキャット艦戦四機により米輸送機、哨戒機の護衛実施。出撃は二時間にわたり、荒天下の着艦で二機が損傷した。

三月二十五日、フィリピン沖にて英第五七任務部隊の搭載機補充あり、一八四〇中隊はシーファイア艦戦九、アヴェンジャー艦攻七、コルセア艦戦六、ヘルキャット艦戦一、ファイアフライ艦戦一（計二四）に編成を改め、第一一二任務部隊第三〇航空戦隊に編入。

三月二十八日　沖縄航空攻撃に参加。

四月十七日　沖縄航空攻撃実施。十九日、レイテに入港。

五月四日、英機動部隊が神風攻撃を受け、空母などに損傷あり、本艦も飛行甲板を損傷、飛行可能機を第五七任務部隊に引き渡す。十四日、レイテに帰投。二十三日、残存機体も五七任務部隊に移し、二十九日、マヌス島入港。航空機輸送に従事。第三〇航空戦隊搭載の一九〇機を前線へ運送し、第五七任務部隊に一四〇機引き渡す。

六月五日、船体塗装及びポナム向け航空機、軍需品搭載のためシドニー寄港。

七月九日、マヌス島にて航空機搭載と補給品装備。十八日、マヌス島出港。

七月二十六日、第三七任務部隊に搭載機を輸送。二十七日、護衛空母ストライカーより三機受領。

八月一日　第三七任務部隊に搭載機を引き渡し、マヌス島へ。十三日マヌス島発、米太平洋艦隊と作戦中の空母インディファティガブル（三八・五任務群）に航空機補充。

八月十五日、終戦。

八月二十日、空母インディファティガブルにシーファイア艦戦一〇、ファイアフライ艦戦一を引き渡し、不使用機一を受領。飛行可能搭載機を護衛空母ルーラーに移し、飛行甲板を使用可能状態に。

八月三十日、東京湾入港。本艦は東京湾入りをした最初の連合軍空母となった。

九月三日、東京湾発、マニラ経由でシドニーへ。日本軍捕虜となった連合軍軍人四七七名を収容。九日、マニラでこれを降ろす。この後も米捕虜八九九名と六四五名を、長崎から沖縄までそれぞれ輸送した。二十八日、香港入港。

九月三十日、オーストラリア捕虜をマニラからシドニーへ輸送。

十月十五日、ディーゼル発電機室の故障修理のためシドニー入港。

十二月二十八日、アーチャーフィールド基地の七二一中隊（シーファイア艦戦、ヴェンジャンス急降下爆撃機）、艦隊必需品、飛行場用設備、一〇トンクレーン、軍需品四〇七六種、ビール三万八四〇〇本を積載し、シドニー発、香港へ輸送。

一九四六年一月八日、香港発、スエズ経由で英本国へ。六月、クライドにて艦艇艤装解除工事。

七月六日、米国向け出港。途上、バーミューダ島にてボイラー修理。

七月十七日、米ノーフォークにて米海軍に返還。売却され、商船ランセロとなる。

一九六五年、プレジデント・オスメナと改名。一九七一年、ラッキー・スリーと改名。砕氷船として使用。一九七二年、台湾で解体。

◆ネイバブ

一九四二年十月二十日、C3型貨物船としてシアトル・タコマ造船所にて起工されたが、米海軍に四三年度予算で買収され、護衛空母（CVE）に改造されることになり、一九四三年三月九日進水、エディスト（CVE41）と命名された。同年九月七日竣工したが、同日バンクーバーで英海軍に貸与され、ネイバブ（D77）と改名した。本艦は当初カナダ海軍への貸与（HMCS）が予定され、乗員はカナダ海軍軍人を起用し経験を積ませて、戦後に同海軍に空母部隊を設ける予定であったが、後述する本艦の被災により実現はしなかった。

十月十五日、バンクーバーで英海軍基準に改装。

一九四四年一月二十四日、エスクィマルトにて補修工事。二月八日、サンフランシスコ、

上空より見たネイバブ。右は撮影機アヴェンジャー艦攻の翼端

パナマ運河経由でニューヨークへ回航。

三月十九日、ニューヨーク着。エクワンタム米海軍基地にて八五二中隊（アヴェンジャー艦攻一二）を収容し、英本国へ輸送。

三月二十三日、ＵＴ10船団をリヴァプールまで護衛。

四月七日、ウエスターン・アプローチ部隊編入。クライドにて修理。十八日、リヴァプールで再修理。

六月二十九日、ベルファスト沖で八五二中隊（アヴェンジャー艦攻、ワイルドキャット艦戦〈一八三二Ｇ中隊の四機〉）の訓練開始。

八月一日、本国艦隊に一時編入され、スカパ・フローへ移動。

八月十日　オフスプリング作戦に空母インディファティガブル、護衛空母トランペッターと参加、ノルウェーのハーラムスフィヨルド、レプソレフ沿海機雷敷設。八五二中隊は八四六中隊（トランペッター）と協力し、本国艦隊最大の敷設作戦を成功させた。本作戦中、護衛戦闘機は独掃海艇Ｒ89を撃沈し、ヴィガ島無線基地を爆撃、ゴッセン飛行場のＢｆ１１０六機を撃破した。この戦闘で英海軍はアヴェンジャー一機、ファイアフライ一機、シーファイア三機を失った。

八月二十二日、グッドウッド作戦（独戦艦ティルピッツ攻撃）。空母フォーミダブル、フューリアス、インディファティガブル、護衛空母トランペッターと共にノルウェー、アルテンフィヨルド沖の独戦艦攻撃に出動。同日本艦はU３５４の雷撃を受けて大破、曳航されて二十七日スカパ・フロー着（U３５４は二十五日、船団護衛中の護衛空母ヴィンデックスのソードフィッシュ艦攻により撃沈）。

九月三十日、損傷状態がひどく修理不能と認定され、廃棄決定。ファース・オブ・フォースの泥地に移される。ロシス部隊の管理下におかれた。

一九四五年三月十六日、ファース・オブ・フォースに放置された状態で米海軍に返還手続きがとられた。

一九四七年三月、ダッチ造船商会に売却。九月二十一日、ロッテルダム着。商船改造が決定し、工事開始。

一九五二年、完成。ナボブと命名され、一九六八年、グローリイと改名。

一九七七年十二月十六日、台湾にて解体。

独戦艦ティルピッツは基準排水量四万二九〇〇トン、三八センチ砲連装四基を備え、速力二九ノット、ナチス・ドイツ海軍が一九四一年に完成させた最後の大戦艦であった。ノルウエーに配備された本艦は、北氷洋船団の脅威であり、英海軍としてはその攻撃に全力を挙げることになった。三隻の艦隊空母に搭載された攻撃隊は、バラクーダ艦攻三三、コルセア艦戦（一部一〇〇〇ポンド爆弾装備）二四、ヘルキャットおよびコルセア艦戦各一〇という強力なものであった。護衛空母二隻は対潜護衛用である。爆撃隊の投じた一六〇〇ポンド徹甲爆弾はかなりの打撃を与えたが、沈没には至らなかった。この攻撃で英海軍も五機を失っている。

この後、ランカスター重爆による九月十五日と十一月十二日の大型爆弾の直撃により、テイルピッツは転覆着底して、最後を迎えている。

◆プレミアー

一九四二年十月三十一日、Ｃ３型貨物船としてシアトル・タコマ造船所にて起工されたが、米海軍に四三年度予算で買収され、護衛空母（ＣＶＥ）への改造が決定し、一九四三年三月二十二日に進水、エステロ（ＣＶＥ42）と命名された。同年十一月三日竣工時に英海軍に貸与され、プレミアー（Ｄ23）と改名した。十一月十一日、バンクーバーで英海軍基準への改装工事着手。

一九四四年一月九日、工事終え出港。二月九日、パナマ運河を通過しノーフォーク着。三月六日、英本国向け出港。三月二十日、リヴァプール入港。三月二十九日、ウエスターン・アプローチ部隊に輸送空母として編入され、米国向け出港。四月十一日、ノーフォーク入港。航空機を搭載し、四月二十六日、リヴァプール着。

五月二日、クライド出港。五月十二日、ノーフォーク着。航空機搭載、輸送。三十一日、リヴァプールにて改装修理。

七月十二日、輸送空母から作戦用空母へ変更されることになり、ウエスターン・アプローチ部隊本部直属として、リヴァプールにて改装と修理実施。九月五日、工事完了。九月十一日、リヴァプール出港、飛行訓練へ。十三日、八五六中隊（アヴェンジャー艦攻一二）を収容、訓練開始。十月十三日、訓練を終え、クライドにて補修と休養。十一月十日、本国艦隊編入、クライドに配置される。

十一月二十日、ハンドファスト作戦参加。護衛空母パーシュアーとサルフストロメン沖（ノルウェー）において機雷敷設作戦実施。

十一月二十六日、プロヴィデント作戦。空母インプラカブル、護衛空母パーシュアーと共にモスジュエン、ナルヴィク間の船団攻撃を予定したが、悪天候により護衛空母二隻は作戦中止。インプラカブルのみ攻撃を実施し、敵船二隻を撃沈、多数を損傷させた。

十二月は飛行隊に八四六中隊（アヴェンジャー艦攻四）を増強、十二月六日、アーベイン作戦。サルフストロメン沖の機雷敷設作戦を護衛空母トランペッターと再度実施。九日、ス

プレミアー

カパ・フロー帰港。

十二月十二日、ラサレイト作戦。護衛空母トランペッターとラムソイズンド沖の機雷敷設実施。悪天候にて損傷。十六日、スカパ・フロー帰港。二十三日、クライド工廠にて修理実施。

一九四五年一月六日、スカパ・フロー復帰。

一月十一日、スペルバインダー作戦に護衛空母トランペッターと参加。ノルウェーのエゲルスンド沖の独船団攻撃実施。本作戦では一月に八四六中隊と交替した八八一中隊（ワイルドキャット艦戦二〇）が八五六中隊を支援。

一月十三日、無線作戦（ハウゲスンド沖機雷敷設）にトランペッターと参加。十四日、スカパ・フロー帰投。

一月二十八日、ウインデッド作戦、護衛空母カンパニア、ナイラナとヴァーグン付近の夜間船舶攻撃を実施。二十九日、スカパ・フロー帰投。

二月十二日、セレニウム1、2作戦に護衛空母パンチャーと参加。水上部隊によるフスタドヴィケン付近の船団攻撃とスカテストロメン沖の機雷敷設を支援。十四日、スカパ・フロー帰投。

二月二十一日、シュレッド作戦およびグラウンドシート作戦に護衛空母パンチャーと参加。作戦目的はサルフストロメン海峡の掃討とパンチャー搭載のバラクーダ艦爆による機雷敷設であり、ワイルドキャット艦戦はフェイスン島の無線施設を銃撃し、付近繋留中のドルニエDo24飛行艇一機を炎上させた。二十三日、スカパ・フロー帰港。

三月十八日、キューポラ作戦（オラネズンド機雷敷設）に護衛空母サーチャー、クイーンと参加。艦戦による沿岸砲台および哨戒艇攻撃を実施。二十二日、修理のためクライド着。

四月一日、スカパ・フロー復帰。

四月十七日、ラウンデル作戦にて北ロシア向けJW66船団を護衛、二十五日コラ入江着。二十九日、RA66船団を護衛。本国へ。五月五日、スカパ・フロー帰港。

五月二十一日、発着艦訓練従事のためロシス部隊に編入。クライドにて修理実施。

七月二十四日、クライド近海にて着艦訓練開始。九月二十七日、クライドにて修理。

十一月、ロシス工廠にて艦艇艤装解除工事開始。

一九四六年四月十二日、米ノーフォークにて米海軍に返還。

一九四七年、米海軍より売却され、商船ローデシア・スターとなる。一九六七年、ホンコン・ナイトと改名。一九七四年十月二日、解体のため台湾着。

◆シャー

一九四二年十一月十三日、C3型貨物船としてシアトル・タコマ造船所にて起工されたが、米海軍に四三年度予算で買収され、護衛空母に改造されることになり、一九四三年四月二十一日進水、ジャマイカ（CVE43）と命名された。九月二十七日、竣工時に英海軍に貸与され、シャー（D21）と改名された。十月十八日、バンクーバーで英海軍基準への改装工事に入った。

一九四四年一月二日、工事を終え、東インド艦隊第一航空戦隊に編入され、サンフランシスコへ向かった。七日、同地にてノーフォークから飛来した八五一中隊（アヴェンジャー艦攻一二）を収容し、十五日メルボルン向け出港した。コーチン、フリーマントル経由で三月十九日、コロンボ着。

四月二十六日、同地にて搭載した航空機を三十日、ボンベイまで輸送し、五月十三日、コロンボで八五一中隊に編入されたワイルドキャット艦戦を収容した。十六日、トリンコマリ入港。同沖にて対潜哨戒を実施した。七月五日、コロンボ、コーチン間の航路警戒に従事し、三十日、インド洋北部の航路防衛に当たる第六六任務部隊に編入された。

八月以降、第八五一中隊の編成はアヴェンジャー艦攻一二、ヘルキャット艦戦六に改められる。

八月十八日、ケニヤのキリンディニ入港。八月二十七日、キリンディニ、アデン間の船団護衛を支援した。九月十五日アデン発、キリンディニ経由で二十一日、コーチンに入港。

シャー

十月十六日、新編の東洋艦隊第一戦隊に編入され、インド洋の対潜作戦に従事した。十一月二十六日、コロンボ入港。

一九四五年一月十日、トリンコマリ向け出港。二月八日からトリンコマリ、ディエゴスワレズ間の航路防衛作戦に従事した。二十三日、ダーバンにて修理実施。四月八日キリンディニに向かい、十五日コロンボ経由でトリンコマリへ。二十七日からビショップ作戦（ニコバルおよびアドミラル諸島攻撃）に、護衛空母エンプレスと参加。本作戦では八五一中隊（アヴェンジャー艦攻）のほかに、八〇四中隊（ヘルキャット艦戦四）と八〇九中隊（シーファイア艦戦）も加わり、ニコバル、アンダマン諸島、ビルマ沿岸を攻撃した。

五月十日、トリンコマリ出撃。日本重巡「羽黒」攻撃に護衛空母エンペラーと参加。しかし本艦はカタパルト故障により、アヴェンジャー艦攻をエンペラーに移乗したが、雷撃機不慣れのため戦果は挙げられなかった（「羽黒」は五月十六日被爆後、英第八駆逐隊の雷撃を受け沈没）。

五月二十一日トリンコマリ、二十四日ボンベイ入港。六月九日、トリンコマリ向け出港。八月、終戦。八月二十六日トリンコマリ発、コロンボへ。九月十二日、八四五中隊および八五一中隊は機体を下ろし、乗員のみ収容、英本国へ。十月七日、帰国。クライドにて艦艇艤装解除。

十一月十六日、米国向け出港。二十六日、ノーフォーク着。十二月六日、ノーフォーク工廠にて米海軍に返還。

一九四七年六月二十日、売却され、商船サルタとなる。一九六六年六月、ブエノスアイレスにて解体。

◆パトローラー

一九四二年十一月二十七日、Ｃ３型貨物船としてシアトル・タコマ造船所で起工。米海軍の四三年度予算で買収され、護衛空母への改造が決定する。一九四三年五月六日進水し、キウィーナム（ＣＶＥ44）と命名された。十月二十二日に英海軍に貸与されてパトローラー（Ｄ07）と改名、十月二十五日に竣工した。

十一月二十二日、サンフランシスコ向け出港し、十二月三日、東洋艦隊に輸送空母として

パトローラー

編入され、針路を南西太平洋へ転じた。十二月二十三日メルボルン入港、以後二月にフリーマントル、コーチン、コロンボ、ブリスベーン、ウエリントンとオーストラリアに至る南太平洋各基地に航空機を輸送し、三月七日サンフランシスコに入港した。三月十五日には米陸軍に一時貸与され、四月二十三日、エスキモルドへの陸軍機輸送を実施した。五月二日、英海軍に戻され、バンクーバーに回航の上、作戦用空母として整備。

七月二十五日サンフランシスコ、八月十日ノーフォークをへて、八月二十二日、ウエスターン・アプローチ部隊に再び輸送空母として編入され、八月二十二日ニューヨークへ向かった。八月二十七日リヴァプール向けの船団を護衛して九月七日、帰国した。九月二十三日、ノーフォークへの輸送を実施。十月九日、修理のためクライドへ回航された。十一月と十二月にもノーフォークへの輸送を実施したが、帰国後いずれも修理のためクライドで入渠している。

十二月二十一日、一八四三中隊（コルセア艦戦）の着艦訓練をクライド水域で実施した。

一九四五年一月二十八日、米海軍に一時貸与され、太平洋で航空機輸送任務に従事した。二月二十五日、サンディエゴ入港。三月四日より米太平洋艦隊の航空機輸送を務めた。四月十一日、サンディエゴ帰港。五月一日、ノーフォークにて英海軍に返還。五月四日、一八五二中隊（コルセア艦戦一八）を収容し、五日、英本国へ。五月二十一日、クライド着。二十六日、リヴァプールで修理、ロシス部隊に編入。八月十五日、終戦。クライドにて兵員輸送設備を増設し、前線よりの帰国準備を整える。十一月十三日、プリマス着。十二月以降、翌年二月にかけて、プリマス、コロンボ（インド）、フリーマントル（オーストラリア）間を往来し、将兵の帰国輸送に従事。一九四六年五月からシドニー、香港、バーミューダからの輸送を十一月二十七日まで続けた。一九四六年十二月十三日、ノーフォークにて米海軍に返還、売却されて商船アルムケルクとなる。一九六八年、パシフィク・アリアシスと改名。一九七四年二月、台湾にて解体。

◆ラージャ

一九四二年十二月十七日、C３型貨物船プリンスとして起工されたが、米海軍に四三年度予算で買収され、護衛空母への改造が決定。一九四三年五月十八日進水、マククルア（CVE45）と命名された。工事はウィラメッテ・アイアン＆スティール社に引き継がれ、十月十七日、タコマ造船所にて竣工、英海軍に引き渡され、ラージャ（D03）と命名された。

ラージャ

一九四四年一月三十一日、英海軍基準への変更工事のためバンクーバへ向かう。三月五日、タービン歯車損傷により、バンクーバーで修理実施。
五月二十六日、ウエスターン・アプローチ部隊に編入。輸送空母となり、ニューヨークへ。六月二十九日、ニューヨークで一八四二中隊（コルセア艦戦三六）、八五七中隊（アヴェンジャー艦攻一二）を搭載し英国へ向かう。七月十二日、リヴァプール着。十三日、機体陸揚げ後、クライドで修理。
八月から海軍航空隊の発着訓練に従事、三日七六八練習隊、十一日七六九練習隊、十二日七六七練習隊の飛行訓練を実施した。
九月十日、クライドからベルファストへ。八四九中隊（アヴェンジャー艦攻一二）、八五七中隊（同一八）、八五八中隊（写真偵察型ヘルキャット艦戦八）を搭載し、アレキサンドリア、アデン経由で東インドへ輸送。コーチン、コイマトア、チャイナ湾に寄港、航空隊を陸揚げし、十月十九日、八二二中隊の兵員を収容してポートサイド、ジブラルタル経由で英本国へ。十一月十日、クライドにて修理。

十二月二十日、米海軍の航空機輸送に従事し、一九四五年一月十五日、サンディエゴ着、以後数ヵ月サンディエゴ、パールハーバー間を米機輸送に従事。七月七日、これを終えてニューヨークへ。七月二十八日、帰国の途につき、八月五日クライド着。兵員輸送設備施工。終戦。

十一月二十二日、インド向け出港。十二月十四日、コロンボ着。十二月十七日、ボンベイ経由で本国へ。一九四六年一月十一日、プリマス着。兵員と装備を陸揚げし、再びコロンボへ。二月二十三日、コロンボ着。四月二十三日、輸送任務を終えチャタムにて修理。八月十日、ロシス部隊に兵員輸送艦として編入。

十二月十三日、ノーフォークにて米海軍に返還。一九四七年七月七日、売却されて商船ドレンテとなる。一九六六年ランブロス、六九年ウリッセと改名。一九七五年六月二十三日、サブォナ（イタリア）にて解体。

パトローラー、ラージャの両艦は輸送空母として使用され、発着訓練にも用いられたが戦闘航空隊の配属もなく、戦歴もない。戦況の好転と護衛空母力の充実を示すものといえよう。

◆ラーニー

一九四三年一月五日、C3型貨物船としてシアトル・タコマ造船所で起工されたが、米海軍四三年度予算で買収され、護衛空母への改造が決定。同年六月二日進水し、ニカンテイック（CVE46）と命名された。十一月八日、竣工時に英海軍に貸与され、ラーニー（D03）と改名し、同月中にバンクーバーで英海軍基準への改装工事を実施した。

一九四四年二月四日、米海軍に輸送空母として一時貸与され、米国から英領各地への航空機輸送に従事した。二月二十五日ウエリントン、三月八日フリーマントル、三月十八日コーチン、三月三十一日ポート・フィリップ経由でバンクーバーへ向かい、五月十五日バンクーバーにて修理。

七月十一日クリストバル、八月十七日ノーフォーク工廠、九月二十三日ケープタウンと各方面への航空機輸送に従事した後、十月十八日、英海軍へ返還され、ウエスターン・アプローチ部隊へ編入された。十月から十一月にかけて、米国から英本国向けの船団護衛をしながら、一八四六中隊のコルセア艦戦一八機の輸送を二度実施している。これらの機体はマクリハニッシュ英海軍基地に届けられた。

十二月二十七日、ロシス工廠にて修理。

一九四五年一月四日、クライド近海にて発着艦訓練に従事。

一月二十一日、再び米海軍に輸送空母として貸与されることになり、サンディエゴ向け出港。

ラーニー

五月二日、サンディエゴからニューヨークへ。二十四日、ニューヨークからクライド向け出港。

六月四日、ロシス工廠にて修理。ロシス部隊の輸送艦となる。

八月、終戦。九月十二日、タインにて現地部隊の引揚輸送艦への改装工事着手。

十一月八日、ポーツマス向け出港。十二月二十七日コロンボ、二十九日シドニーへ。

一九四六年一月二十日、シドニーからフリーマントルへ。二十七日、フリーマントルからコロンボ経由で英本国へ兵員輸送を実施。

二月二十五日、デヴォンポート工廠着。

二月二十六日、ポーツマス工廠にて修理、引揚輸送を続ける。

十一月八日、ノーフォークにて米海軍に返還。売却されて商船フリースランドとなる。一九六七年、パシフィック・ブリーズと改名。

一九七四年五月十一日、解体のため台湾着。

本艦も輸送任務に終始し、所属航空隊を持たなかった。

◆トラウンサー

トラウンサー

一九四三年二月三日、C3型貨物船としてシアトル・タコマ造船所で起工されたが、米海軍に四三年度予算で買収されて護衛空母（CVE）への改造が欠定。七月十六日に進水しパーデイド（CVE47）と命名され、以後の工事はコマーシャル・アイアンワークス社に引き継がれ、一九四四年一月三十一日に竣工した。同日付でタコマで英海軍に貸与され、トラウンサー（D85）と改名した。二月二十九日、バンクーバーに回航され、英海軍基準の改装工事が施された。

五月十五日、工事を終えてパナマ運河経由で大西洋へ回航され、六月四日ノーフォーク入港。六月十八日、米軍機を搭載して同地を離れ、七月十日カサブランカに入港した。十二日ノーフォークに向かい、二十八日さらにニューヨークへ回航された。八月二日、英海軍向け一八四三中隊（コルセア艦戦一八）を収容し、帰国の途についた。

八月二十二日、帰国し、輸送した機体を陸揚げしてリヴァプール入港。しかし護衛空母として整備する工廠も得られず、本艦は引き続き輸送空母として航空機輸送に従事することになった。

八月二十六日、ノーフォークへ向かい、九月五日、同地でジブラルタル向け航空機を搭載してノーフォークを離れた。輸送を終えて十月二日、ジブラルタルからノーフォーク経由で帰国の途についたのは二十二日であった。クライドに入港し、十一月二日から一時発着艦訓練に従事した。

十二月から再び航空機輸送任務に戻り、八日ニューヨークへ向かい、航空機を搭載してクライドへ戻る。

一九四五年一月十八日、クライドで損傷修理、三月五日再び修理のためベルファスト着。八月、終戦。九月十四日、東洋艦隊第二一航空戦隊に編入。一七〇二中隊(ファイアフライ艦戦)を収容し、マルタ島へ輸送。九月二十二日、マルタ島ハル・ファー海軍サービス・ステーションに陸揚げした。

十月十四日コロンボ、十八日ダーバンと引揚輸送に従事、十一月十七日ケープタウン経由でクライドへ。十二月十四日、クライド着。一九四六年一月以降もトリニダッド、バーミューダからの輸送任務を二月中旬まで続けた。

一九四六年三月三日、ノーフォークにて米海軍に返還。売却されて商船グレイスノーク・キャスルとなる。

一九五四年ガリック、五九年ベンリネスと改名。一九七三年十一月三日、台湾にて解体。

1943年10月、航空機輸送中のセイン。甲板上にはワイルドキャット

◆セイン

一九四三年二月二十三日、C3型貨物船としてシアトル・タコマ造船所にて起工されたが、米海軍の四三年度予算にて買収され、護衛空母への改造が決定。七月十五日進水してサンセット（CVE48）と命名された。十一月十九日竣工時に英海軍に貸与され、セイン（D48）と改名した。

一九四四年四月十五日、バンクーバーで英海軍基準の改装工事に着手する。六月八日工事を終え、パナマ運河経由でノーフォークに向かった。

七月三十日、ノーフォーク工廠にて一部修理を施し、英本国へ。ウエスターン・アプローチ部隊に編入され、輸送空母となる。

八月十四日、航空機を搭載してケープタウンへと向かい、九月二日ケープタウン入港。十五日、ノーフォーク向け出港。十月三日、ノーフォーク工廠着。十月五日、英本国へ。十月十七日、クライド着。

十一月六日、航空機搭載し、KMF36護衛船団に加わりジブラルタル向け出港。十五日、ジブラルタル着。

十一月二十日、ポートサイド（エジプト）着。三十日、ジブラルタル帰港。

十二月一日、クライド向け出港。十六日、クライド帰港、ノーフォークへ。

十二月二十八日、ノーフォークにて一八五一中隊（コルセア艦戦）搭載し、三十一日、ニューヨーク経由にて英本国へ。

一九四五年一月十四日、ベルファストにて一八五一中隊を陸揚げする。

一月十五日、クライド河口にてU４８２の雷撃を受け損傷、ファスレーンに曳行され入渠したが、損傷がひどく、同所では修理不能と認定される。七月二十一日、ファスレーン繋留状態にて予備艦となる。

十二月五日、繋留状態にて米海軍に返還。米海軍は現地の解体業者に売却し、解体。

本艦は竣工時より輸送空母として使用され、作戦任務には従事しなかったが、不運にも大戦末期にUボートの雷撃を受け大破、沈没はまぬかれたが、大戦末期のため、修理もされずに繋留され、戦後現地処分となった。

◆クイーン

一九四三年三月十二日、C３型貨物船としてシアトル・タコマ造船所にて起工、米海軍に四三年度予算で買収され、護衛空母への改造が決定した。同年八月二日進水、セント・アンドリューズ（CVE49）と命名された。十二月七日竣工時に英海軍に貸与され、クイーン（D19）と改名した。十二月十七日、バンクーバーで英海軍基準の改装工事に着手した。

一九四四年二月二十六日、近海で公試運転中に座礁し、バンクーバー工廠に入渠、修理を実施。三月二十二日、これを終えてノーフォーク向け出港、四月二十四日、ノーフォーク着。五月六日、ニューヨークで八五五中隊（アヴェンジャー艦攻一二）を搭載し、八日、英本国へ向かった。二十三日、クライド着。ウエスターン・アプローチ部隊に輸送空母として編入された。

五月二十八日、ニューヨーク向け出港、六月九日ニューヨーク着。十三日、米軍機を搭載してニューヨーク出港、二十七日カサブランカに入港して機体を陸揚げし、七月二日、フリータウンに向け出港、十二日フリータウン、二十四日ジブラルタルと航空機輸送を続けた。八月四日、MKF33船団に随伴してクライドに向かい、八月十日に帰国してクライドで損傷修理を受けた。八月三十一日、ダンディーで修理を続け、十二月二十三日これを終えてロシスに向かった。二十七日、ロシス工廠着。護衛空母への改装工事を実施する。

一九四五年一月二十三日、本国艦隊編入。クライド近海にて八五三中隊（アヴェンジャー艦攻八、ワイルドキャット艦戦八）を収容し、訓練実施。三月二日、スカパ・フロー入港。三月十九日、JW66船団を護衛してスカパ・フロー出港。二十一日帰港。

三月二十六日、プレフイクス作戦参加。護衛空母サーチャーとノルウェー沖船団攻撃実施の予定であったが、目標が見当たらず、艦戦によりBf１０９戦闘機三機を撃墜した。二十九日、スカパ・フロー帰港。

四月三日、護衛空母パンチャー、サーチャー、トランペッターとノルウェー・キルボトン沖のUボート支援船群の攻撃（ニューマーケット作戦）に向かったが、悪天候のため延期せざるを得ず、好天を待ちロフォテン島沖を数日巡航したが作戦中止となり、四月十二日、スカパ・フローに帰港。

四月三十日、再びキルボス沖の船舶攻撃（ジャッジメント作戦）に護衛空母トランペッター、サーチャーと参加、五月四日アヴェンジャー艦攻によりU７１１、補給船ブラック・ウオッチ、商船センヤを撃沈、ワイルドキャット艦戦は敵機三機を撃墜した。

五月六日、引き続き護衛空母三隻でクリーヴァー作戦（デンマーク・コペンハーゲン解放）に参加。五月十日、スカパ・フロー帰港。

クイーン

五月十日、タイムレス作戦に参加。JW67船団を護衛して北ロシア航路へ。既に六日前にドイツは降伏しヨーロッパ戦線は終了しており、船団は五月十四日、コラ着。二十三日、RA67船団と共に帰路につく。三十日、スカパ・フロー入港。

六月七日、ロシス部隊編入。修理のためクライドへ。八月、終戦。九月十八日、さらに修理のためバロウ・イン・ファーネスへ。

十一月十八日、ポーツマスへ。二十四日から復員輸送艦として本国を離れ、十四日コロンボ着。十二月十五日以降フリーマントル、シドニー、コロンボに入港して兵員を収容し、一九四六年一月二十七日、帰国の途につく。

二月十五日、デヴォンポート工廠着。

九月二十日、北大西洋で荒天に会い損傷。

十月三十一日、ノーフォークにて米海軍に返還。一九四七年七月二十九日、米海軍により売却され、改造されて商船ロービアとなる。一九六七年、プレジデント・マルコスと改名。一九七二年、ラッキー・ワンと改名。一九七二年七月二十八日、台湾にて解体。

◆ルーラー

一九四三年三月二十五日、C3型貨物船としてシアトル・タコマ造船所にて起工、米海軍の四三年度予算にて買収され、護衛空母への改造が決定。八月二十一日進水し、ジョセフ

（CVE50）と命名された。十二月二十二日竣工時に英海軍に貸与され、ルーラー（D72）と改名、シアトルで引き渡された。十二月三十一日、バンクーバーで英海軍基準への改装工事に着手した。

一九四四年三月二十日、工事完了し、四月八日、ノーフォークへ回航された。二十一日、ウエスターン・アプローチ部隊に編入。輸送空母とされ、ニューヨークで英国向けの航空機を受領し、英本国へ向かった。五月六日リヴァプールへ入港して機体を降ろし、五月九日、ニューヨーク向け出港。五月二十三日、ニューヨークで航空機を搭載。二十六日出港して六月十一日、リヴァプールまで輸送した。六月二十四日、リヴァプールで修理に着手した。

九月十八日、クライド入港。三十日、ニューヨークへ向かい、十月十六日、ノーフォーク着。三十一日ニューヨーク入港、航空機を搭載し、十一月十八日、クライド着。機体を陸揚げし、修理と改装工事を実施。

十二月三十日、八八五中隊（ヘルキャット艦戦二四機）収容し、訓練実施。

一九四五年一月二十八日、太平洋艦隊に補給空母として編入、ジブラルタル、アレキサンドリア、コロンボ経由で極東水域へ。八八五中隊に加えて一七七二中隊（ファイアフライ艦戦一二機）収容し、オーストラリアへ輸送。

三月十六日、シドニー着。四月レイテに向かい、五月三日、沖縄作戦参加のためレイテを離れた。

1945年、太平洋艦隊に配属されたルーラー。
上空を飛ぶのは885中隊のF6Fヘルキャット

五月にレイテを出撃した本艦の八八五中隊のヘルキャット艦戦は他のアヴェンジャー艦攻隊と協力して、沖縄沖で洋上補給中の艦隊に対空対潜護衛を実施した。

五月六日から十八日にかけて、四回にわたり第五八任務部隊の補給作戦護衛を実施、五月二十日、駆逐艦クィリアムに護衛されてレイテに向かった。

五月二十七日、レイテ着。

六月五日、シドニー着。八八五中隊と共に、英太平洋艦隊への補給作戦に従事、第三七任務部隊に編入された。

八月、終戦。八月三十一日、東京湾入港。

九月十三日、日本を離れシドニーへ。

十月二十二日、シドニー出港、英本国へ。

十二月三日、クライド着。艦艇艤装解除工事開始。

一九四六年一月四日、ノーフォークへ向けて出港。一月二十九日、ノーフォークにて米海軍に返還。五月三十一日、売却されて解体へ。

◆**アービター**

一九四三年四月二十六日、C3型貨物船としてシアトル・タコマ造船所にて起工、米海軍の四三年度予算にて買収され、護衛空母への改造が決定。九月九日進水し、セイント・シモン（CVE51）と命名された。十二月三十一日竣工時に英海軍に貸与され、アービター（D31）と改名した。

一九四四年一月九日、バンクーバーで英海軍基準の改装工事に着手した。

四月二十六日、パナマ運河通過。六月二日、ウエスターン・アプローチ部隊に輸送空母として編入され、米国より英海軍航空隊への支援機輸送に従事、六月二日以降、八五三中隊（アヴェンジャー艦攻）、一八二〇中隊（ヘルキャット艦戦）、一八四三中隊（コルセア艦戦）の輸送を実施した。

九月十二日、ベルファストにて修理実施。

一九四五年一月三十日、英太平洋艦隊に輸送空母として編入。

三月一日、クライド出港、一八四三中隊（コルセア艦戦）を搭載し、極東方面へ輸送。

五月、オーストラリアからマヌス島へ第一航空戦隊の支援輸送。シーファイア艦戦九、ア

アービター

ヴェンジャー艦攻七、コルセア艦戦六、ヘルキャット艦戦一、ファイアフライ艦戦一（計二四機）を輸送した。

七月、マヌス島からレイテ湾へ第一航空戦隊の支援輸送。

八月、本州沖作戦支援輸送。終戦後、オーストラリアへ戻り、英空母部隊支援のオーストラリア空軍搭乗員に対する発着艦訓練を八九九中隊（ファイアフライ艦戦）の機体を用いて実施した。

十月十一日、香港入港。戦時中捕虜となった将兵をオーストラリアへ輸送。

十二月三日、香港に戻り、旧捕虜三〇〇名を収容、英本国へ。

一九四六年一月十日、クライド着。ロシス部隊編入、二月六日ポーツマスに向かい、十二日さらにハリファクス経由でノーフォークへ。三月三日、ノーフォークにて米海軍へ返還。

一九四六年、売却されて商船コラセロとなる。一九六五年、プレジデント・マカパガルと改名。一九七二年、ラッキー・トゥと改名。一九七二年五月、台湾にて解体。

◆スマイター

一九四三年五月十日、C3型貨物船としてシアトル・タコマ造船所にて起工。米海軍に四三年度予算で買収され、護衛空母（CVE）への改造が決定、九月二十七日進水、ヴァーミリオン（CVE52）と命名された。

一九四四年一月二十日、タコマで竣工時に英海軍に貸与され、スマイター（D55）と改名した。

二月十五日、バンクーバーで英海軍基準に改装、三月三十一日これを終えて、五月八日サンフランシスコに入港、五月二十三日、ノーフォーク工廠にて修理を受けた。

六月一日、八五六中隊（アヴェンジャー艦攻一二）を搭載、五日、ニューヨークで一八四一中隊（コルセア艦戦一八）も受領し、英本国へ輸送することになった。

六月二十日、リヴァプール入港。八五六中隊機をマクリハニシュ海軍基地、一八四一中隊機をリヴァプールで陸揚げし、同日付でウエスターン・アプローチ部隊に編入、輸送空母となった。

六月二十四日、ニューヨーク向け出港、七月七日、ニューヨークにて航空機を搭載し、クライドに向かう。七月二十一日、クライド着。修理実施。

九月十四日、電気系統修理のためニューポートへ。

スマイター

十二月二日、短期間発着艦訓練に使用されることになり、クライド向け出港。

一九四五年一月十五日、修理のため、ロシス造船所着。

五月二十六日、通常の護衛空母に改装のためクライドで入渠。

七月七日、東インド艦隊に編入、航空隊の所属なくコロンボ向け入港。八月、終戦。

九月一日、トリンコマリ（セイロン島）着。二日シンガポールへ。俘虜となった将兵の帰国輸送従事。十一日、シンガポールから香港へ。二十六日、再びシンガポールとコロンボへ、将兵帰国輸送を続ける。

十一月二十一日、トリンコマリ着。

十二月十六日、八八八中隊（ヘルキャット艦戦）収容し輸送。二十七日、シンガポールのセンバワング海軍航空基地へ陸揚げ。

十二月二十八日、トリンコマリ、スエズ運河経由にて英本国へ。

一九四六年二月十一日、クライド着。艦艇艤装解除工事開始。四月六日、ノーフォーク工廠にて米海軍へ返還。米海軍は売却し、商船アーテイレロとなる。

一九六五年、プレジデント・ガルシアと改名。一九六七年十一月二十四日、ハンブルク着、解体。

◆パンチャー

一九四三年五月二十一日、C3型貨物船としてシアトル・タコマ造船所で起工されたが、米海軍に四三年度予算で買収され、護衛空母（CVE）への改造が決定し、十一月八日に進水して、ウィラパ（CVE53）と命名された。一九四四年二月五日、竣工時に英海軍に貸与され、パンチャー（D79）と改名した。三月十五日、バンクーバーで英海軍基準への改装工事に着手した。

六月九日、工事を終えて出港。七月八日ニューヨーク着、十一日ノーフォークにて小修理、二十二日、ニューヨークへ戻り、同日付でウエスターン・アプローチ部隊に輸送空母として編入される。米軍機を搭載しUGF12船団と共に大西洋を南下して、八月八日、カサブランカに入港。

八月十二日、GUF13船団に随伴して大西洋を北上し、八月二十七日、ノーフォークへ入港した。この間の活動は米軍への支援輸送であった。

八月三十日、英本国へ輸送する一八四五中隊のコルセア艦戦一八機をノーフォークで搭載し、九月八日、CU38船団と共に英本国へ向かった。

九月十五日、クライド着。本艦は二月竣工時に英海軍籍に入ったが、米海軍への支援活動に従事して七ヵ月を経て本国に着いた形となった。十八日、搭載して来た一八四五中隊機をエグリントン海軍航空支援隊に陸揚げして、本国への最初の任務を果たすことができた。

九月十九日、ニューヨークへ向かい、三十日入港、十月六日、CU42船団と共にリヴァプールへ向かった。二十一日、帰国してクライドで小修理。輸送空母から作戦用空母への改装実施。

十一月十二日、クライド近海にて、八二一中隊（バラクーダ艦攻一二機）の雷撃訓練を支援した。二十七日、機関故障にてクライドで修理。その際、八月に雷撃を受けて大破しロシスに繋留中の護衛空母ネイバブと主機を換装した。

一九四五年二月一日、本国艦隊に編入され、スカパ・フロー着。八八一中隊（ワイルドキャット艦戦）および八二一中隊（バラクーダ艦攻）を収容し、十一日、ノルウェー沖で護衛空母プレミアーと共にセレニウム1、2作戦に参加、水上部隊によるフスタドヴィケン付近の船団攻撃、スカテストロメン沖の機雷敷設を支援した。本艦のバラクーダ艦攻は機雷作戦、ワイルドキャット艦戦はその護衛と地上射撃に活躍をした、十三日、スカパ・フロー帰港。

二月二十二日、シュレッド作戦およびグラウンドシート作戦にプレミアーと参加。グラマン艦戦によるサルフストロメン海峡の掃討とバラクーダ艦攻の機雷敷設を実施。機雷作戦は天候悪く護衛機とはぐれ、地上射撃でバラクーダ二機を失った。二十三日、スカパ・フロー着。二十四日、投錨時に座礁したが、大きな損傷とはならなかった。

三月二十八日、護衛空母ナイラナとプリフィックス作戦（ノルウェーのアーレズンド沖船舶攻撃）参加。船舶は見当たらず、地上施設を炎上させた。三月二十九日、スカパ・フロー帰港。

パンチャー

四月六日、ニューマーケット作戦（キルボトンのUボート支援船団攻撃）に護衛空母クイーン、サーチャー、トランペッターと参加したが、悪天候のため攻撃中止。

四月二十一日、クライド工廠にて損傷修理。

五月十三日、ロシス部隊にて一七九〇中隊（ファイアフライ艦戦）、

ボナベンチュア

一七九一中隊（ファイアフライ夜戦）の訓練実施。

六月二十五日、前年損傷時に換装した機関が性能不良にて、兵員・航空機輸送艦として使用されることになり、兵員輸送し七月二日、ハリファクス着。

七月十六日、欠陥修理のためノーフォーク入港。三十日、ニューヨークへ向かう。八月三日ニューヨークからクライドへ。十一日、クライド着、終戦。

八月二十九日、ハリファクスへ向かい、九月四日着。十八日、ニューヨーク経由でクライド向け出港。二十五日、クライド着。

十月八日以降、ハリファクス、ニューヨーク、ベルファスト、クライド間を往来し、十二月二十三日ハリファクス入港まで、飛行機輸送任務に従事した模様である。これが本艦の最後の活動となった。

一九四六年一月十六日、ノーフォークで米海軍に返還され、売却されて商船に改造された（船名不明）。一九五四年、バーディクと改名。一九五九年、ベン・ネヴィスと改名。一九七三年、売却され、台湾にて解体。

本艦について注記すべきことは、その運用がカナダ海軍将兵に委ねられたことで、英海軍は戦後の作戦も配慮して、カナダ海軍に空母運用技術の習得を施していたようだ。本艦がハリファクスにたびたび寄港しているのもこれを物語っていよう。

この段階では同海軍の空母の保有までは想定してなかったようだが、戦後、戦時計画による空母の余剰に悩んだ英海軍は、一九四八年に新造の軽空母マグニフィセントをカナダ海軍に貸与して、同海軍は一九五七年までこれを使用、五二年に建造中のパワフルを購入してボナベンチュア（五七年竣工）と改名した。

いずれもマジェスティック級（一万四二二四トン）に属し、同級二隻もオーストラリア海軍に売却されている。カナダ海軍の空母史は一九七〇年まで続いたが、そのスタートを切ったのは、パンチャーであった。

◆リーパー

一九四三年六月五日、Ｃ３型貨物船としてシアトル・タコマ造船所で起工されたが、米海軍の四三年度予算で買収され、護衛空母（ＣＶＥ）への改造が決まり、十一月二十二日進水、ウインジャー（ＣＶＥ34）と命名された。一九四四年二月十八日に就役し英海軍に貸与され、リーパー（Ｄ82）と改名した。米国で建造され、英海軍に貸与された護衛空母ルーラー級二三隻の最終艦であり、正式の竣工は二月二十一日とされている。

三月三十一日、バンクーバーで英海軍基準の改装工事に着手した。五月二十四日工事終え、六月二十二日サンフランシスコを経て七月九日、ノーフォーク工廠着。二十二日、ニューヨークに向け出港。七月二十五日、ウエスターン・アプローチ部隊に編入され、輸送空母となった。HX301船団と共に本国へ向かい、八月五日、クライド工廠着、補修工事。

八月二十五日、輸送する航空機を搭載し、KMF34船団と共にジブラルタル向け出港した。九月十日、任務終えてMKF34船団と共に帰途についた。

九月二十七日、クライド発、ノーフォークへ向かう。十月九日、ノーフォークで航空機を搭載し、UGF16船団と共にジブラルタルへ向かう。十月二十五日、ジブラルタル着。搭載機体を降ろす。輸送空母としての活動は本格化した。

十一月一日、GUF15B船団と共にノーフォーク向け出港、十八日ノーフォーク工廠を経てニューヨークへ向かった。今回は、一八四九中隊（コルセア艦戦一八）および一八五〇中隊（同）の新鋭機輸送が課せられており、二十三日ニューヨークを離れ、十二月五日ベルファストに着いて、機体を陸揚げした。

十二月九日、クライドで他船と衝突事故を生じて損傷したが、すぐに工廠で修理が施された。

一九四五年一月五日、修理を終え復帰した。本艦は米海軍に貸与されて、太平洋方面の航空輸送に従事することになり、クライドからクリストバル経由でサンディエゴへ向かった。

一月二十九日、サンディエゴで米海軍の指揮下に入り、五月初めにかけて西海岸沿岸の米

リーパー

軍機輸送に従事した。

五月十三日、先の任務を終え、ニューヨーク着。二十五日、帰国してクライド入渠。三十一日、ロシス工廠で修理。

七月二十三日、太平洋艦隊第三〇空母戦隊に編入、パナマ運河経由で太平洋に入った。

八月、終戦。九月十三日、航空機を輸送してシドニー入港。

十月三日　マヌス島着。一七〇一中隊（シーオター艦載飛行艇）を搭載してポナム海軍航空基地からマニラ経由で香港へ輸送。十月十一日、香港着。十月十八日マヌス島経由でシドニーへ。十一月四日、シドニー着。

十一月十七日、オークランド入港。十一月十九日、シンガポール経由で英本国へ。

一九四六年三月二十七日、クライド着。ロシス部隊編入。艦艇艤装解除工事開始。五月二十日、ノーフォーク工廠にて米海軍へ返還。売却されて、商船サウス・アフリカスターとなる。一九六七年五月二十五日、日本のNikara（漢字不明）で解体。

本艦も航空機輸送に終始した生涯であった。

以上、二三隻が米海軍から貸与された最後の護衛空母ルーラー級二三隻で、米海軍のプリンス・ウイリアム級（通常ボーグ級に含まれる）に相当するC３型貨物船改造空母である。船団護衛や進攻作戦にも使用されたが、後期の艦は航空機輸送に多く用いられ、戦況の好転や護衛空母陣の充実もあって、米海軍機の輸送に従事したり、戦闘経験を持たぬ艦も生まれている。戦没艦は一隻もなく、全艦米海軍に返還された。

第8章　MAC商船空母

一九四二年二月、英海軍省は、最初の護衛空母オーダシティが、一九四一年十二月に戦没し、米海軍からアーチャー級の貸与やアクティヴィティ以下の商船改造空母の整備を進める一方で、これらが竣工するまでのブランクを何で補うかに苦慮していた。オーダシティは短命で護衛空母としては不完全なものであったが、対空、対潜護衛に有効なことを立証して果てたのである。

当時、船団護衛に残されているのはＣＡＭシップしかなく、オーダシティに代わる護衛空母を早急に建造する必要があった。一九四三年には大西洋で大規模な反攻作戦を予定しており、それまでの期間、短期間で改造可能な護衛空母を揃えねばならなかった。

それで考案されたのが商船空母（Merchant Aircraft Carrier）で、通称ＭＡＣシップと呼ばれた。早期建造可能なように、商船の機能を最大限に残し、空母としては限界に近い簡易な構造を採用、航空・兵装要員を除く全乗員が民間人で構成する方針であった。

どのような船を選び、どのような改造を施すか。検討が重ねられて概案がまとまったのは一九四二年六月であった。

対象に選ばれたのは、穀物運搬船六隻とタンカー一三隻で、前者をGrain Ship Merchant Carrier、後者をTanker Merchant Shipと呼称し、タンカー型の内二隻は英海軍の管理下、オランダ人船員によって運用された。

穀物運搬船型MAC（エンパイア・マッカルパインを示す）

七九五〇総トン、満載排水量一万二〇〇〇トン、全長一三九・九メートル、最大幅一八・八九メートル、吃水七・四七メートル。

飛行甲板長さ一二六・二メートル、幅一八・九メートル。

主機ドックスフォード・ディーゼル一基／一軸、出力三五〇〇馬力、速力一二・五ノット、燃料搭載量三〇〇〇トン。装甲はなく一部に弾片防御。

兵装一〇・二センチ単装砲一門、ボフォース四〇ミリ単装機銃二門、二〇ミリ単装機銃四梃。搭載機ソードフィッシュ艦攻四機、航空燃料五〇〇〇ガロン。乗員一〇七名（航空要員を含む）。

なお、貨物搭載量は商船時代の七〇パーセントを保持していた。

航空艤装については、飛行甲板後方にエレベーター一基（一二・八メートル×六メートル）を備え、甲板下の小型の格納庫（長さ四三メートル、幅一一・六メートル、高さ七・三メートル）と連絡しており、ソードフィッシュ機三～四機を収容できた。なお、タンカー型にはこれはなく、全機露天繋止である。飛行甲板上には着艦制動索四条が設けられており、速度五五ノットで着艦した一万五〇〇〇ポンド（約七トン）の機体を繋止できる。前方にバリヤー一基がある。飛行甲板右舷前方寄りに小型艦橋が設けられた。航空関係設備はオーダシティより若干改良されているようだ。

◆エンパイア・マッカルパイン

穀物運搬船型（Grain Ship Merchant Carrier）の第一船であり、一九四二年八月十一日、バーンティスランド造船所で起工され、十二月二十三日進水、一九四三年四月二十一日に竣工した。改装工事はウイリアム・デニー&ブロス造船所で施工された。七九五〇総トン、商船籍のまま徴用されたので、艦番号はない。

一九四三年五月、八三六中隊（ソードフィッシュ艦攻四）を収容し、発着艦訓練。五月二十九日、八三六B中隊と共にＯＮＳ9船団に随伴した。

九月二十二日、ＯＮＳ18船団の護衛を実施。途上、浮上中のＵボートを発見し、攻撃を加えたが、撃沈には至らなかった。初の戦闘でＭＡＣ船の防衛能力を示すことはできた。

ソードフィッシュ艦攻を整備点検中のエンパイア・マッカルパイン。船尾に見えるのは10・5センチ砲

一九四四年二月、八三六B中隊を八三六D中隊に代えて護衛活動を続けたが、十二月に同隊もメイダウン基地に移した。この頃は米海軍貸与の護衛空母も増強され、MAC船の出番が少なくなったようで、本来の穀物輸送に専念したものと思われる。

一九四五年四月にメイダウン基地から八三六Y中隊を受領したが、これが最後の所属飛行隊となった。四月十二日、ON296船団の護衛に従事、本船のソードフィッシュ機はUボートを発見攻撃し、三時間の戦闘でシュノーケルを破壊されたU1024は浮上して護衛艦艇に拿捕された。MAC船が挙げた大きな戦果であった。

一九四五年、終戦。四七年まで繋船状態。一九四七年、戦時輸送省より売却されて普通の穀物運搬船に改造、リーナンと改名。一

エンパイア・マッカンドリュー

九五一年、ハンツブルクと改名。

一九六〇年、スナ・ブリーズと改名。売却されてジャティネゲレ、さらにサン・エルネストと改名。一九六八年、パシフィク・エンデヴァと改名。

一九七〇年四月、ワイズ・インヴェストメント社に売却され、香港で解体。

◆エンパイア・マッカンドリュー

ウイリアム・デニー&ブラザース社（ダムバートン）で建造され、一九四三年五月三日進水、七月に穀物運搬型ＭＡＣ船として竣工。七九五〇総トン、主機はバーマイスター&ウエイン・ディーゼル一基、三三〇〇馬力、速力一二・五ノット。

一九四三年八月に、八三六Ｍ中隊（ソードフィッシュ艦攻四）を収容し、北大西洋水域の船団護衛を開始。十一月に八三六Ｍ中隊を八三六Ｈ中隊（以下、いずれもソードフィッシュ艦攻四機編成なので省略）に代えて任務続行。

一九四四年六月、八三六Ｈ中隊を八三六Ｒ中隊に交替。その際航空要員の人数を減少。これはノルマンディー上陸のネプチューン作戦準備として多くの航空搭乗員が集められた結果であった。

九月二十六日、ON255船団を護衛中、八三六R中隊機が潜航するUボートを発見して攻撃を加えたが、失敗に終わった。

十一月六日、八三六R中隊を八三六B中隊と交替。

一九四五年三月、八三六B中隊を八三六Z中隊と交替。

四月二十六日、ON298船団を護衛中、ソードフィッシュ機はUボートの潜望鏡を発見し爆雷攻撃を加えたが、すぐに潜航したため、戦果とはならなかった。

五月、搭載していた八三六Z中隊をメイダウン基地に陸揚げし、船団護衛任務終了。

一九四七年、売却されて改造、穀物運搬船デリイヒーンとなる。一九五一年、ケープ・グラフトンと改名。一九六四年、パトリシアと改名。一九七〇年、中国解体業者に売却、解体。

◆エンパイア・マックラー

ポート・グラスゴー社（リスゴー）で建造。一九四三年六月二十一日進水。九月に（MAC船として）竣工。八二五〇総トン。機関、速力はマッカンドリューと同じ。

十月、八三六C中隊を収容、北大西洋水域の船団護衛を開始。

一九四四年五月、八三六C中隊を八三六L中隊と交替。十一月に八三六U中隊と交替。

(上)エンパイア・マックラー
(下)ドリス・クラニーズ

一九四五年三月、八三六U中隊を八三六D中隊と交替。六月、八三六D中隊をメイダウン基地に陸揚げし、船団護衛任務終了。同年中に改造されて商船に戻った。一九四七年、アルファ・ザムベジと改名。一九五四年、トボンと改名。一九六七年、デスピナPと改名。その後の消息は不明。

◆エンパイア・マッカラム

ポート・グラスゴー社（リスゴー）で建造され、一九四三年十月十二日進水。同年十二月、MAC船として竣工。八二五〇総トン、機関、速力はマッカンドリューと同じ。

一九四四年一月、八三六K中隊を収容。北大西洋水域の船団護衛開始。二月、八三六K中隊を八三六R中隊と交替。六月、八三六R中隊を八三六T中隊と交替。

七月八日、ONM243船団を護衛中、本船のソードフィッシュ三機とエンパイア・マッコール（タンカー型MAC）の搭載機がUボートを攻撃し、損害を与えたものと認められるも未確認。

九月、八三六T中隊を八三六Y中隊と交替。

一九四五年二月、八三六Y中隊を八三六K中隊と交替。

五月、八三六K中隊をメイダウン基地に陸揚げし、船団護衛任務終了。同年中に改造され、商船に復帰。

一九四七年、売却されてドリス・クラニーズと改名。一九五一年、サンローヴァーと改名。一九五九年、ユードキシア、さらにフォルキイスと改名。一九六〇年、日本の解体業者に売却、大阪にて解体。

MAC船は一九四二年初めに構想が生まれて、第一船が誕生したのは一九四三年八月である。この間に、英海軍は国産二隻、米海軍貸与一五隻の護衛空母を受領しており、これらはカタパルトを装備、速力、兵装、搭載機の性能、機数はいずれもMAC船を上まわっており、今後の増勢も見込まれていた。MAC船はスタート時点で影が薄くなっていたのである。

MAC船の行動記録は断片的で不明確な点が多いが、こうした事情を反映しているのかも知れない。

第9章　タンカー型MAC

タンカー型MAC（Tanker Merchant Carrier）は穀物船型より船体も大きく、飛行甲板も長く設けられ、搭載機の発着艦には有利と見られるが、船体には七基の油槽があり、送油管も配置されて、その上に格納庫を設けるのは爆発の危険性が高く、全搭載機を露天係止にせざるを得なかった。従って、搭乗員は穀物運搬型より苛酷な勤務を強いられることになった。そのため後部飛行甲板両側には風浪を防ぐため、起倒式遮風柵が設けられた。搭載機数は穀物船型より一機少なく、ソードフィッシュ艦攻三機である。

タンカー型MAC（ラパナを示す）

八〇一七総トン、満載排水量一万六〇〇〇トン、全長一四六・九メートル、最大幅一八・九〇メートル、吃水八・三メートル。

飛行甲板長さ一四〇・八メートル、幅一八・九メートル。

主機ズルツァー・ディーゼル一基／一軸、出力四〇〇〇馬力、速力一二・五ノット。燃料搭載量三一〇〇トン、装甲はなく、一部に弾片防御。

兵装一〇・二センチ単装砲一門、ボフォース四〇ミリ単装機銃二門、エリコン二〇ミリ単装機銃六梃。搭載機ソードフィッシュ艦攻三機、航空燃料五〇〇〇ガロン。乗員一一八名（航空要員を含む）。

なお、油槽搭載量は商船時代の九〇パーセントを保持していた。

飛行甲板上には着艦制動索四条が設けられており、速度五五ノットで着艦した一万五〇〇〇ポンド（約七トン）の機体を制止可能であった。前方にバリヤー一基が設けられた。

穀物運搬船型と同様に飛行甲板右舷前方寄りに小型艦橋一基が設けられた。

なお、タンカー型の搭載機数を四機とする資料もあるようだが、造船関係の記録では三機となっている。実際には四機搭載した例があったのかも知れない。

◆ラパナ

タンカー型MAC（Tanker Merchant Carrier）の第一船。一九三五年四月にシーダムのウイルトン・フイジェノールド社で進水したアングロ・サクソン石油会社のタンカーであったが、MACに選ばれ、ノース・シールドのスミス・ドック社で施工、一九四三年七月に

ラパナ

完成した。八〇一七総トン、穀物運搬船型と同じく商船籍にあり、艦番号はない。

一九四三年七月、北大西洋航路の船団護衛に従事することになり、八月に八三六L中隊（ソードフィッシュ艦攻）を収容し、発着艦訓練を開始した。十月八日、一四三中隊を搭載時に、そのソードフィッシュ機が海上でUボート一隻を発見し、攻撃を加えたが、戦果は確認できなかった。

一九四四年二月に八三六L中隊を陸揚げし、四月に八三六X中隊を搭載したが、これも十月に陸揚げしている。この頃には護衛空母陣も充実して来たので、露天運用でパイロットに厳しいタンカー型MACから搭載機の転用が図られたのかも知れない。搭載機がなければそのままタンカーとして運用可能である。

一九四五年に本来のタンカーに復役し、一九五〇年にロテュラと改名、一九五八年一月に香港で解体。

◆アマストラ

一九三四年十二月十八日にポート・グラスゴーのリスゴー社で

進水、改装工事はノース・シールドのスミス・ドック社で施工、一九四三年九月に竣工した。八〇三一総トン。機関はラパナと同じ、出力三五〇〇馬力、速力一二ノット。

一九四三年十月、八三六E中隊をメイダウンにて収容し、北大西洋航路の船団護衛を開始。

一九四四年七月、八三六E中隊を八三六C中隊に交替。

九月、八三六C中隊をメイダウン基地に陸揚げし、タンカーとして使用。飛行甲板を利用して、アメリカからの航空機輸送も実施した。

一九四六年　民間タンカーに改造。

一九五一年　イダスと改名。一九五五年六月二十七日、イタリアの解体業者に売却され、ラ・スペチアで解体。

◆アカヴァス

一九三四年十一月二十四日、ベルファストのワークマン・クラーク社で進水。改装工事はファルマスのシレイ・コックス社で施工し、一九四三年十月に完成した。八〇一〇総トン、機関はズルツァー・ディーゼル一基／一軸、三五〇〇馬力、速力一一・五ノット。

一九四三年十月、ファルマスで就役し、北大西洋で八三六F中隊を収容、ON／HX船団の護衛に従事した。

一九四四年三月、八三六F中隊を八三六V中隊と交替。

(上)アマストラ
(下)アカヴァス

一九五二年、商船に改装され売却、イアクラと改名。一九六三年四月十八日、解体のためラ・セーヌ着。

◆アンシラス

一九三四年十月九日、ウォルセン・オンタインのスワシ・ハンター&ウイガム・リチャードソン社にて進水、改装工事はヘバーン・オン・タインのパルマス社にて施工、一九四三年十月に竣工した。八〇一七総トン、主機ズルツァー・ディーゼル一基／一軸、出力三五〇〇馬力、速力一二ノット。

一九四三年十月に就役し、十一月、八三六G中隊をメイダウン基地より収容。北大西洋船団護衛に従事。

一九四四年五月三十一日、八三六G中隊をメイダウン基地に戻し、以後終戦まで搭載機を持たず、タンカーとして使用。その間、飛行甲板を利用してアメリカよりの航空機輸送を実施。

一九四五年、商用タンカーに改装。

一九五二年、売却され、イムブリカリヤと改名。一九五四年十二月四日、イタリアの解体業者に売却され、ラ・スペチアで解体。

◆アレクシア

一九三四年十二月二十日にフェゲザックのフルカン社で進水、改装工事はサンダーランドのT・W・グリーンウェル社にて施工。一九四三年十二月に竣工した。八〇一六総トン、機関はラパナと同じ。出力四〇〇〇馬力、速力一二ノット。

一九四三年十二月、サンダーランドにて就役。一九四四年一月、八三六P中隊を収容、北大西洋航路の船団護衛を開始。

一九四四年五月、八三六F中隊を八三六Q中隊に交替。

十二月、八三六Q中隊をメイダウンに陸揚げし、以後タンカーとして使用。

一九四五年五月、八三六L中隊を収容し、最後の船団護衛を実施。

戦後、商用タンカーに改造使用。一九五一年　イアンシナと改名。一九五四年八月十七日、売却され、ブリースにて解体。

◆ミラルダ

一九三六年七月、ネザーランド・ドック造船社にて進水、改装工事はヘバーン・オン・タインのパルマス社にて施工、一九四四年一月竣工した。八〇〇三総トン、主機ズルツァー・ディーゼル一基／一軸、出力四〇〇〇馬力、速力一二・五ノット。

一九四四年一月、タインにて就役。北大西洋航路の船団護衛に従事。二月、八三六Q中隊

ミラルダ

を収容。

六月二十一日、ON二四〇船団を護衛中、搭載機二機がUボートらしき目標を発見したが攻撃に至らず、両機は着艦時に損傷するも、船上にて修理。

八月、八三六Q中隊を八三六H中隊と交替。

十二月二十七日、ON二七四船団を護衛中、搭載機がUボートを発見し、一〇〇ポンド対潜弾二発を投じたが、戦果は未確認。

一九四五年一月二十六日、SC一六五船団を護衛中、Uボートのシュノケールを発見したが、攻撃に至らず。

二月、八三六H中隊を八三六P中隊と交替。

五月、八三六P中隊をメイダウン基地に陸揚げし、解隊。

戦後、商用タンカーに改造、一九五〇年にマリサと改名した。

一九六〇年七月二十一日、香港着。同地にて解体。

◆アドウラ

一九三七年一月二十八日、キンケイドのブライスウッド社にて進水、改装工事はファルマスのシリーコックス社にて施工、一九

アドウラ

四四年二月竣工した。八〇四〇総トン、主機ズルツァー・ディーゼル一基／一軸、出力三〇〇〇馬力、速力一二ノット。

一九四四年二月、ファルマスにて就役。三月、八三六P中隊収容。北大西洋航路の船団護衛開始。

七月、八三六P中隊を八三六G中隊と交替。九月、八三六G中隊を八三六P中隊と交替。

一九四五年五月、搭載機をメイダウン基地に陸揚げ。

戦後、商用タンカーに改造。一九五三年五月十五日、T・W・ワード社に売却され、ブライトン・フェリーで解体。

◆ガディラ

一九三四年十二月一日、キールのホヴァルツ・ヴェルケ社にて進水、アングロ・サクソン石油会社の所有となり、国際的に運用された。本船はオランダ商船旗を揚げ、乗員もオランダ人であった。一九四四年三月、MACシップに改装された。七九九九総トン、主機ディーゼル一基／一軸、出力四〇〇〇馬力、速力一三ノット。

一九四四年二月から活動を開始した、船員、パイロットいずれもオランダ人からなる最初のMAC船である。同年二月にオランダ人パイロットの八六〇S中隊が編成され、これを搭載して北大西洋航路の船団護衛を開始した。

一九四五年五月、航空隊は解隊し、タンカーとして運用された。

戦後、元のタンカーに復元されて、一九五八年まで運航された後、香港で解体。

◆マコマ

一九三五年十二月三十一日、アムステルダムのオランダ船築造船社で進水、ガディラと同じくアングロ・サクソン石油会社の所有船となり、オランダ商船旗を揚げた。ガディラに次ぐオランダ人運用MAC船である。

一九四四年六月、オランダ人パイロットの八六〇〇中隊を収容し、北大西洋航路の船団護衛に入った。同年十月に飛行隊を八六〇F中隊と交替して活動を続けた。

一九四五年五月に同隊も北アイルランドのメイダウン基地に陸揚げされ、関連設備もノヴァ・スコシャのカナダ空軍基地に引き渡されてMAC船の活動に終止符が打たれ、以後タンカーとして使用された。

戦後、アングロ石油会社の所有船に戻り、一九五〇年代まで使用された後、香港で解体。

ガディラとマコマの二隻はMAC船としても異色の存在であったが、戦後、オランダ海軍に英海軍の軽空母が貸与されたのも、これらの活動と無縁ではなさそうである。最初は一九四六年に貸与されたナイラナ（一万三八二五トン）で一九四八年に返還、二隻目が同年購入されたヴェネラブル（一万三一九〇トン、一九六八年アルゼンチンに売却）であり、いずれもカレル・ドールマンと命名された。

◆エンパイア・マッケイ

一九四三年六月十七日、ハーランド&ウォルフ社ゴーヴァン造船所で進水、同年十月竣工。九一三三総トン、主機バーマイスター&ウエイン・ディーゼル一基／一軸、出力三三〇〇馬力、速力一一・五ノット。

一九四三年十月就役し、八三六D中隊を収容、北大西洋航路の船団護衛に従事した。

一九四四年七月、八三六D中隊を八三六W中隊と交替。十二月に八三六W中隊を八三六R中隊と交替。

一九四五年六月、八三六R中隊をメイダウン基地に陸揚げし、解隊。

一九四六年、商用タンカーに改装され、ブリティシュ・ソードフィッシュと改名。

一九五〇年五月二十一日、ロッテルダム着。オランダの解体業者に売却され、解体。

本船以降、船名にエンパイアが付加されたのは、建造中にMAC船に改造されたことを示している。

本船が就役した一九四三年十月には、米国支援の護衛空母ルーラー級のパトローラーが竣工している。船団護衛にどちらが有力かは説明するまでもない。戦局も変わり、この時期MAC船はすでに存在価値を失っていたのである。

◆エンパイア・マッコール

一九四三年七月二十四日にバーケンヘッドのキャメル・レアード社にて進水、同年十一月竣工した。八八五六総トン、主機ディーゼル一基／一軸、出力三三〇〇馬力、速力一一ノット。

十一月、八三六A中隊（ソードフィッシュ三機）を収容、北大西洋船団護衛に従事。一九四四年七月八日、本船とエンパイア・マッカラムはONM二四三船団を護衛中、これを襲撃したUボートを両船のソードフィッシュ三機により攻撃した。未確認ではあるが、損傷を与えた模様。

七月に八三六A中隊を八三六J中隊に交替。八月、八三六J中隊を八三六E中隊に交替。十一月、八三六E中隊を八三六V中隊に交替。

一九四五年一月、八三六V中隊をメイダウン海軍航空施設に陸揚げ。三月、八三六Q中隊を収容。

五月、八三六Q中隊をメイダウンに陸揚げし、解隊。

エンパイア・マッコール

戦後、商船に改造。一九四六年ブリティシュ・パイロットと改名。一九六二年八月、金属業者に売却され、ファズレーンにて解体。

◆**エンパイア・マクマホン**

一九四三年七月二日、スワン・ハンター&ウイガム・リチャードソン社（ウォールセン・オン・タイン）にて進水、同年十二月竣工した（スワン・ハンター社ホーソンレスリー製とする資料あり）。九三四九総トン、主機ディーゼル一基／一軸、出力三三〇〇馬力、速力一一ノット。

十二月、八三六J（ソードフィッシュ三機）中隊を収容、北大西洋船団護衛に従事した。

一九四四年四月、八三六J中隊を八三六B中隊に交替。十月、八三六B中隊を八三六G中隊に交替。

一九四五年三月、八三六G中隊を八三六W中隊に交替。六月、八三六W中隊をメイダウン基地に陸揚げし、解隊。

戦後、商船に改造、一九四六年ナヴィニアと改名。一九六〇年

エンパイア・マクマホン

三月十七日、英解体業者に売却され、香港で解体。

◆エンパイア・マッケイブ

一九四三年五月十八日、スワン・ハンター&ウイガム・リチャードソン社（ウォールセン・オン・タイン）にて進水、同年十二月竣工した。満載排水量九二四九トン、主機ディーゼル一基／一軸、出力三三〇〇馬力、速力一一ノット。十二月、MAC船として就役。

一九四四年一月、大西洋船団護衛に従事、八三六N中隊を収容。九月、八三六N中隊を八三六A中隊と交替。

一九四五年一月十八日、ONS四〇船団を護衛中、ソードフィッシュ機はUボートを発見、攻撃を加えたが、戦果は確認できず。

五月、八三六A中隊を八三六H中隊と交替。六月、八三六H中隊を陸揚げし、解隊。

一九四六年、戦後タンカーに改造、売却されてブリティッシュ・エスコートと改名。

一九五九年、イーストヒル・エスコートと改名。一九六二年、英解体業者に売却され、香港にて解体。

エンパイア・マッケイブ

クイーン・エリザベスの空母改造案
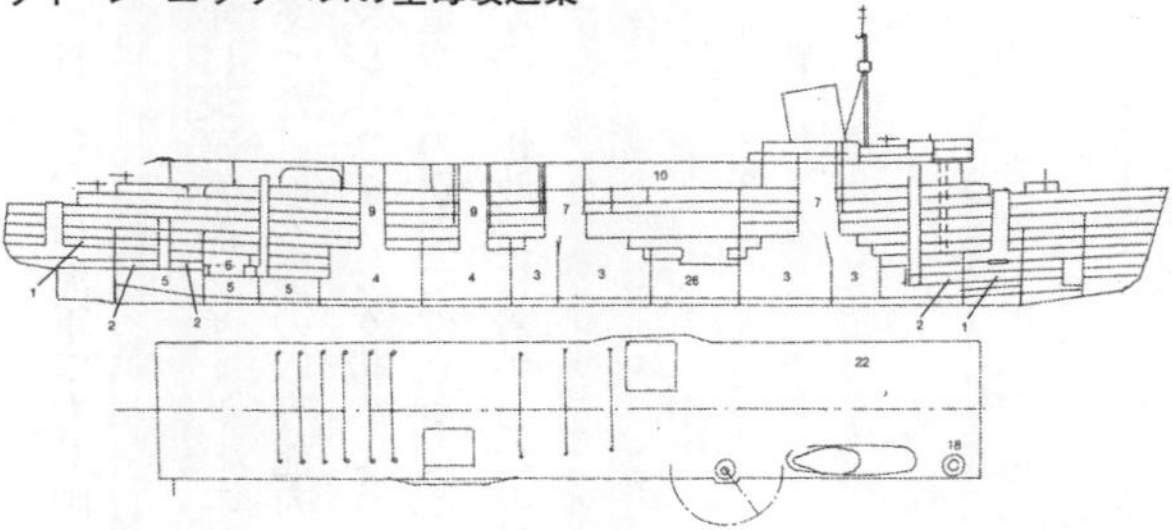

大戦末期に就役したＭＡＣ船は、船団護衛の主力の座を米海軍から貸与された有力な護衛空母に奪われて、船団に随伴はしたが、活躍の場はなかった。

英海軍は大西洋の航路防衛に様々の対策を講じたが、ＭＡＣ船もその一策であり、戦闘手段も充実し、戦局の好転もあって、その評価も相対的に下がることになったといえよう。

ＭＡＣ船のように、商船を改造して空母または水上機母艦として転用する試みは、これまで各国で実施されてきた。近代の客船は船体も大きく高速のものも少なくなく、防御力の不足を除けば、十分空母に転用できるものも少なくない。

米、英海軍はもとより、日、独、伊海軍でも計画されたことは、これまで紹介したとおりである。

英海軍でも、一九四二年に豪華客船クイーン・エリザベス（八万三六七三総トン）の空母改造が検討されたことがあった。航空機の収容能力はかなりあっても、改造費や防御力の不足も問題となり、結局、マジェスティック級のような中型軽空母が建造されることになった。この経験は戦時下商船改造空母の建造に役立ったといわれる。

結局、大戦中、大型客船の空母改造に着手したのは、日、独、伊の三海軍だけであった。

あとがき

商船改造空母の建造は、一九一八年、未成の伊客船を改造した英海軍のアーガスに始まるが、護衛空母の第一号も一九四一年に拿捕した独商船を改造した英艦オーダシティにより誕生した。小型低速で格納庫もなく、搭載機数も数機という、空母としては最低水準の内容であり、護衛開始後半年で戦没することになったが、それでも任務を立派に果たし、護衛空母という新分野のパイオニアとなった。

護衛空母の構想は、Uボートの活躍に苦しむ英海軍の窮状を知った米大統領の発案から誕生したが、その名称は補助空母であった。この時、日本海軍も商船改造による補助空母を建造したが、英海軍のそれが貨物船を基本としたのに対し、日本海軍は大型優秀客船を対象とし、その性格も根本的に異なっていた。未成に終わったが、戦時下、独伊海軍が計画したのも同様であった（厳密にいえば、一九四三年に竣工した英海軍のプレトリア・カースルのみが大型客船を母体とするが、本艦は、艦種は護衛空母でも新型機の性能試験に従事し、船団護衛には使われなかった)。

英海軍の支援で誕生した護衛空母は、米国の強大な造船工業に支えられて発達し、一九四一年の日米参戦により、両国も護衛空母を建造したが、米海軍は貨物船改造のボーグ級に続いて、新設計のカサブランカ級を量産し、続くコメンスメント・ベイ級とあわせて大戦中に六〇隻を完成させた。

これに対し、日本海軍は大型客船改造の五隻を大戦後期に護衛空母に転用したが、対潜策の不慣れもあって効果なく、四隻が失われた。それまでも「飛鷹」型をのぞき、航空機輸送に従事することが多く艦隊の一翼とはならなかった。末期に油槽船改造の護衛空母も計画されたが、この頃は搭載する艦上機すらそろえられない状態であった。

護衛空母の歴史は英海軍に始まり、米海軍がこれを引き継いで終えたのである。

平成三十一年三月

瀬名堯彦

主要参考文献＊福井静夫「世界空母物語」光人社＊世界の艦船増刊「空母１００のトリビア」海人社＊世界の艦船増刊「イギリス航空母艦史」海人社＊David Hobbs "British Aircraft Carriers" ＊David Hobbs "Aircraft Carriers Royal and Commonwealth Navies" ＊Stefan Terizibaschitsch "Escort Carriers and Aviation Support Ships of the USNavy" ＊Norman Friedman "U.S.Aircraft Carriers"

雑誌「丸」平成二十七年九月号〜平成三十一年三月号隔月連載に加筆訂正
原題「英米日海軍商船改造『空母』」

NF文庫

イギリス海軍の護衛空母

二〇一九年五月二十四日 第一刷発行
著 者 瀬名堯彦
発行者 皆川豪志
発行所 株式会社 潮書房光人新社
〒100-8077 東京都千代田区大手町一-七-二
電話/〇三-六二八一-九八九一(代)
印刷・製本 凸版印刷株式会社
定価はカバーに表示してあります
乱丁・落丁のものはお取りかえ致します。本文は中性紙を使用
ISBN978-4-7698-3117-4 C0195
http://www.kojinsha.co.jp

NF文庫

刊行のことば

第二次世界大戦の戦火が熄《や》んで五〇年——その間、小社は夥しい数の戦争の記録を渉猟し、発掘し、常に公正なる立場を貫いて書誌とし、大方の絶讃を博して今日に及ぶが、その源は、散華された世代への熱き思い入れであり、同時に、その記録を誌して平和の礎とし、後世に伝えんとするにある。

小社の出版物は、戦記、伝記、文学、エッセイ、写真集、その他、すでに一、〇〇〇点を越え、加えて戦後五〇年になんなんとするを契機として、「光人社NF（ノンフィクション）文庫」を創刊して、読者諸賢の熱烈要望におこたえする次第である。人生のバイブルとして、心弱きときの活性の糧《かて》として、散華の世代からの感動の肉声に、あなたもぜひ、耳を傾けて下さい。

＊潮書房光人新社が贈る勇気と感動を伝える人生のバイブル＊

NF文庫

最強部隊入門　兵力の運用徹底研究
藤井久ほか

恐るべき「無敵部隊」の条件——兵力を集中配備し、圧倒的な攻撃力を発揮、つねに戦場を支配した強力部隊を詳解する話題作。

証言・南樺太 最後の十七日間　知られざる本土決戦 悲劇の記憶
藤村建雄

昭和二十年、樺太南部で戦われた日ソ戦の悲劇。住民たちの必死の脱出行と避難民を守らんとした日本軍部隊の戦いを再現する。

激戦ニューギニア　下士官兵から見た戦場
白水清治

愚将のもとで密林にむなしく朽ち果てた、一五万兵士の無念を伝える憤怒の戦場報告——東部ニューギニア最前線、驚愕の真実。

軍艦と砲塔　砲煙の陰に秘められた高度な機能と流麗なスタイル
新見志郎

多連装砲に砲弾と装薬を艦底からはこび込む複雑な給弾システムを図説。砲塔の進化と重厚な構造を描く。図版・写真一二〇点。

恐るべきUボート戦　沈める側と沈められる側のドラマ
広田厚司

撃沈劇の裏に隠れた膨大な悲劇。潜水艦エースたちの戦いのみならず、沈められる側の記録を掘り起こした知られざる海戦物語。

空戦に青春を賭けた男たち
野村了介ほか

大空の戦いに勝ち、生還を果たした戦闘機パイロットたちがえがく、喰うか喰われるか、実戦のすさまじさが伝わる感動の記録。